建筑施工铝合金模板工程培训教材

主　编　符果果　颜立新

U0196043

中国建筑工业出版社

图书在版编目（CIP）数据

建筑施工铝合金模板工程培训教材/符果果，颜立新
主编. —北京：中国建筑工业出版社，2019.7（2023.4重印）
ISBN 978-7-112-23785-2

Ⅰ.①建…　Ⅱ.①符…②颜…　Ⅲ.①铝合金-模板
材料-建筑施工-技术培训-教材　Ⅳ.①TU512.4

中国版本图书馆CIP数据核字（2019）第105073号

　　本书结合职业教育特点及铝模安装岗位工人需求，根据国家和行业相关规范、标准以及技术规定，参考了各大铝模厂和建筑施工企业先进的铝模安装技术和管理方法，依据《建筑施工铝合金模板技术规程》DBJ 43/T 322—2017、《组合铝合金模板工程技术规程》JGJ 386—2016、《建筑施工模板安全技术规范》JGJ 162—2008等规范编写而成，内容具体、全面，配图清晰，列举了大量铝模板工程实例，便于应用。

　　本书主要内容包括铝合金模板概述、铝合金模板体系、铝模板拼装图识图、工厂预拼装与免预拼、铝合金模板安装施工、铝合金模板检查与验收、维修、保管与场内运输、工程实例。

　　本书为湖南省地方标准《建筑施工铝合金模板技术规程》DBJ 43/T 322—2017的详解版，可作为铝模现场安装人员岗位培训教材，也可作为高职高专建筑工程技术专业、工程监理专业等土建类专业的教学用书，还可以作为土建工程相关技术人员的学习参考书。

　　责任编辑：范业庶　万　李
　　责任校对：赵　菲

建筑施工铝合金模板工程培训教材
主　编　符果果　颜立新
＊
中国建筑工业出版社出版、发行（北京海淀三里河路9号）
各地新华书店、建筑书店经销
霸州市顺浩图文科技发展有限公司制版
北京建筑工业印刷厂印刷
＊
开本：787×1092毫米　1/16　印张：9¾　字数：240千字
2019年7月第一版　　2023年4月第四次印刷
定价：40.00元
ISBN 978-7-112-23785-2
（34105）

本书编审委员会

主　　编：符果果　颜立新

副 主 编：陈维超

参 编 人：杨卓东　蒋秋良　余泽华　陈　乐　李　超　李　妹

主　　审：王运政　徐运明

参编单位：湖南建筑高级技工学校

　　　　　湖南建工集团有限公司

　　　　　长沙广为建筑咨询有限公司

　　　　　湖南三湘和高新科技有限公司

　　　　　五矿二十三冶建设集团有限公司

　　　　　湖南涵展建筑科技有限公司

　　　　　湖南银林通用建筑模板有限公司

　　　　　湖南飞山奇建筑科技有限公司

　　　　　湖南二建坤都建筑模板有限公司

前　言

本书是根据铝合金模板现场安装工人岗位培训的需要，结合高职高专土建类现场施工相关专业的培养要求，以职业院校教师与建筑行业专家、学者联合编著而成，反映了建筑行业的最新发展趋势以及行业对铝模现场安装人员的大力需求。

铝合金模板现场施工是铝模现场安装工人及现场施工人员必修的一门重要专业实践课程，该课程的主要任务是使学生了解铝合金模板体系，学会铝模拼装图的识读方法，熟悉工厂预拼整个流程与预拼装验收要点，掌握分区编码、打包的原则，全面掌握铝合金模板现场安装、检查与验收的技术要点，并能应用到实际工程项目中去。

本着以上任务，本书共分为8个章节，分别是铝合金模板概述，铝合金模板体系，铝模板拼装图识图，工厂预拼装与免预拼，铝合金模板安装施工，铝合金模板检查与验收，维修、保管与场内运输，工程实例。参考学时如下：

章　节	内　容	学　时
第1章	铝合金模板概述	1
第2章	铝合金模板体系	5
第3章	铝模板拼装图识图	14
第4章	工厂预拼装与免预拼	10
第5章	铝合金模板安装施工	14
第6章	铝合金模板检查与验收	3
第7章	维修、保管与场内运输	1
第8章	工程实例	
总计		48

通过职业院校教师与行业专家、学者等通力合作，以国家及行业规范及各大建筑类企业的技术性文件为参考，以实际工程项目为例，通过大量铝模现场施工图片、现场施工视频与实际工程项目图纸，本书对以上章节内容进行了详细、精准的阐述。

本书由湖南建筑高级技工学校符果果、颜立新两位老师任主编，由湖南建工集团科技处陈维超博士任副主编，由杨卓东、蒋秋良、余泽华、陈乐、李超、李妹参编，具体分工如下：颜立新编写第1章，符果果编写第2章，符果果、颜立新合作编写第3、4章，陈维超、杨卓东、蒋秋良合作编写第5、6、7章，陈乐、李超、李妹合作编写第8章并提供工程技术文件，符果果、颜立新、余泽华参与配套图片的拍摄及配套视频的录制。本书由颜立新、陈维超、刘帅军策划，由符果果负责编书任务的具体安排与执行并最后统稿，由湖南城建职业技术学院王运政教授与徐运明副教授担任主审。

鉴于编者水平有限，书中难免存在不妥之处，恳请广大读者给予批评指正，欢迎加入 QQ 633588560、620953477 群讨论。

目 录

第 1 章

铝合金模板概述

【学习目标】

　　了解什么是铝合金模板，以及铝合金模板的优点。

1.1　铝合金模板概述

　　铝合金模板：由铝合金材料制作而成的模板，包括平面模板和转角模板等，见图 1-1。

图 1-1　铝合金模板图

　　组合铝合金模板施工技术入围住房城乡建设部推广使用的 2017 年建筑业 10 项新技术，是建筑业节能减排的重要技术，能够提升房屋建设的施工效率及工程质量，在当前的建筑工程中已得到广泛应用和推广。

1.2 铝合金模板的优点

(1) 铝合金模板施工周期短。铝合金模板系统为快拆模系统，一套模板正常施工可达到 4~5d 一层，大大节约承建单位的管理成本。

(2) 铝合金模板周转次数多，分摊成本低。铝合金模板系统采用整体挤压形成的铝合金型材作原材，使用寿命长，一套模板规范施工可翻转使用 300~500 次以上，平均使用成本低。

(3) 铝合金模板施工方便、安全高效。铝合金模板系统组装简单、方便，平均重量 30kg/m²，完全由人工拼装，不需要任何机械设备的协助（工人施工通常只需要一把扳手或小铁锤，方便快捷），熟练的安装工人每人每天可安装 20~30m²（与木模对比：铝模安装工人数量只需要木模安装工人的 70%~80%，而且不需要技术工人，只需安装前对施工人员进行简单的培训即可），见图 1-2、图 1-3。

图 1-2　人工拼装　　　　　　　　　　图 1-3　人工传递模板

(4) 铝合金模板稳定性好、承载力高。铝合金模板系统全部部位都采用铝合金板组装而成，系统拼装完成后，形成一个整体框架，见图 1-4。

图 1-4　铝合金模板组图

（5）铝合金模板应用范围广。铝合金模板适合墙体、水平楼板、柱子、梁、楼梯、窗台、飘板等位置的使用。

（6）铝合金模板拆模后混凝土表面效果好。铝合金建筑模板拆模后，混凝土表面质量平整光洁，基本上可达到饰面及清水混凝土的要求，无需进行批荡，可节省批荡费用，见图1-5。

图1-5　铝合金模板施工效果图

（7）节能、低碳、环保：随着铝合金模板体系的推广和应用，大量减少了城市建筑垃圾，减轻了城市垃圾填埋场地的压力。同时减少了木模胶合板对城市环境的二次污染；也必然减少树木的砍伐，降低了森林资源破坏，保护了自然面貌，符合人类绿色环保的新型建筑理念。相对传统模板的可回收价值，铝合金模板的残值更高。

（8）铝合金模板标准、通用性强：铝合金模板规格多，可根据项目采用不同规格板材拼装；使用过的模板改建新的建筑物时，只需更换20％～30％的非标准板，可降低费用。

第2章

铝合金模板体系

【学习目标】

　　掌握铝模板体系的组成，包括墙柱模板体系、梁模板体系、楼板模板体系、吊模体系、楼梯模板体系、外墙节点模板体系、附件体系、早拆装置、紧固及支撑体系、通用配件等。

2.1　认识铝合金模板

2.1.1　平面模板

　　用于混凝土结构平面处的模板，包括楼板模板、墙柱模板、梁模板、承接模板等，见图 2-1～图 2-4。

图 2-1　外墙板

图 2-2　内墙板

4

图 2-3 楼面模板

图 2-4 梁侧模板

2.1.2 转角模板

用于混凝土结构转角处的模板，包括楼板阴角模板、梁底阴角模板、梁侧阴角模板、墙柱阴角模板及连接角模等，见图 2-5、图 2-6。

图 2-5 转角模板-直 C 槽

图 2-6 转角模板-转角 C 槽

2.1.3 承接模板

承接上层外墙、柱及电梯井道模板的平面模板。

外墙铝模板在完成一层混凝土浇筑后，拆模运到上一层使用时，在外墙外表面需要有支撑外墙模板的构件，起承接作用，这块模板我们称之为 K 板，见图 2-7、图 2-8。

2.1.4 支撑

用于支撑铝合金模板、加强模板整体刚度、调整模板垂直度、承受模板传递荷载的部件，包括可调钢支撑、背楞、斜撑等，见图 2-9～图 2-11。

2.1.5 早拆装置

早拆装置分为梁底早拆和板底早拆。

梁底早拆即梁底支撑头。板底早拆是由早拆头、早拆铝梁、快拆锁条等组成，安装在竖向支撑上，可将模板及早拆铝梁先行拆除，从而达到早拆目的的装置，见图 2-12、图 2-13。

图 2-7　K 板上安装墙模板

图 2-8　外墙板与 K 板连接

图 2-9　独立钢支撑

图 2-10　斜撑

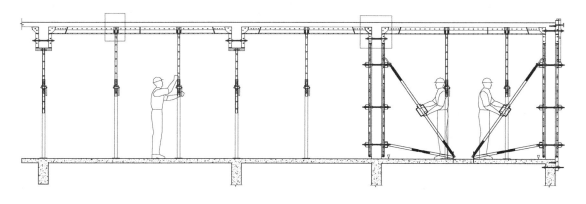

图 2-11　支撑调节示意图

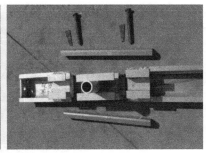

图 2-12　板底早拆装置构造示意组图

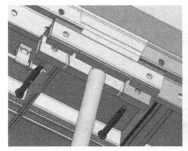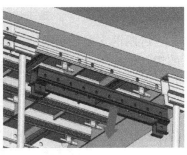

图 2-13　板底早拆装置早拆原理示意组图

2.1.6　配件

用于铝合金模板之间的拼接、两竖向侧模板及背楞拉结的部件，包括销钉、销片、对

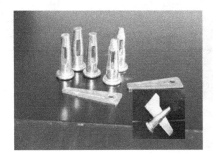

图 2-14　销钉、销片

图 2-15　模板用销钉、销片连接

拉螺杆、拉片、山形螺母、垫片等。

（1）销钉、销片

销钉、销片示意见图 2-14～图 2-16。

（2）对拉螺杆套管

对拉螺杆套管一般为 PVC 管，构造如图 2-17、图 2-18所示，它的作用主要是确保外梁模板之间的间距起到内撑作用，同时也能便于螺杆拆卸。

（3）可调钢支撑

图 2-16　螺杆系统配件紧固示意图

图 2-17　对拉螺杆 PVC 套管

图 2-18　穿墙螺栓连接示意图

可调钢支撑是铝模早拆体系的重要组成，其内径比板底早拆头和梁底支撑头下端焊接的铝圆管外径大，焊接在拆头模板下端的铝圆管套入可调钢支撑内，将上部受到的荷载稳定、可靠地传给钢支撑并传往下层楼面。常用的可调钢支撑一般为内插式，如图 2-19 所示。

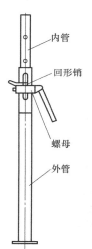

图 2-19　可调钢支撑组图

（4）K 板螺栓

K 板螺栓主要用来固定 K 板，当混凝土浇筑完成后，K 板螺栓的螺丝部分（有的带螺纹）就留在混凝土内部，而螺帽部分则留在 K 板外部，接触空气。当混凝土凝结硬化后，此时，只要不取下 K 板螺丝，K 板就会固定不动，作为上层外墙板的承接模板。当上层混凝土浇筑完成后，可以拆模时，取下 K 板螺帽，即可取下 K 板，螺丝就留在混凝土墙柱构件内，当螺丝设置为锥形时，更方便取出，可重复利用，图 2-20～图 2-23。

（5）拉片

在拉片体系中，拉片主要用于拉结墙、柱两侧模板，确保模板的整体性及墙、柱构件尺寸。厚度一般为 2～4mm，长度经过计算，一般为墙厚往两端各增加 100mm，拉片按使用次数的不同分为可重复使用拉片和一次性拉片，见图2-24。

K板螺丝

图2-20　K板螺丝

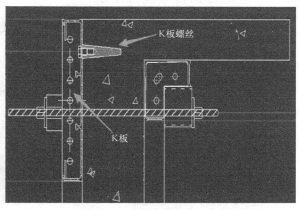

K板螺丝

K板

图2-21　K板螺丝安装示意图

图2-22　K板预留螺栓

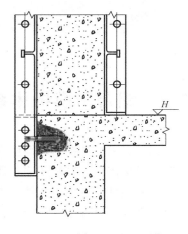

图2-23　K板预留螺栓示意图

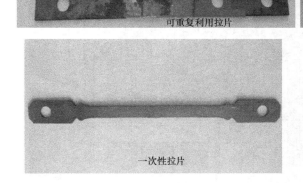

可重复利用拉片

一次性拉片

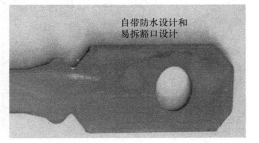

可重复利用护套

自带防水设计和
易拆豁口设计

图2-24　对拉片组图

2.1.7 组合铝合金模板系统

由铝合金模板、早拆装置、支撑及配件组成的模板系统。

2.1.8 整体组拼施工技术

由各种配件将同层的墙、梁、板等构建的模板及支撑系统连成整体，进行整层浇筑混凝土的模板技术，见图 2-25。

图 2-25 铝模拼装组图

2.2 铝合金模板体系

铝合金模板体系是由墙柱模板体系、梁模板体系、楼板模板体系、楼梯模板体系、外墙节点模板体系、吊模体系、附件体系等通过销钉、销片、螺栓等配件进行连接，用背楞、对拉螺杆、拉片、角铁等进行紧固，并用单顶支撑、斜撑、混凝土垫块等支撑件进行支撑，组成具有可靠的承载力、刚度和稳定性的有机整体，见图 2-26。

图 2-26 铝合金模板体系三维示意图

按加固方式不同，铝合金模板体系主要包括背楞-螺杆加固体系与对拉片加固体系两种。

2.2.1　背楞-螺杆体系

背楞-螺杆体系是指采用对拉螺杆＋双管背楞（铁方通）进行加固和调平的竖向模板（一般指墙柱模板以及部分外侧梁模板）安装时对拉螺杆穿过开孔的模板和背楞，穿入对拉螺杆垫片，再用螺母锁紧并调节模板的平整度，见图2-27、图2-28。

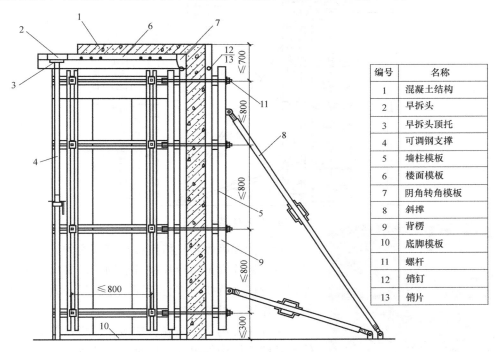

编号	名称
1	混凝土结构
2	早拆头
3	早拆头顶托
4	可调钢支撑
5	墙柱模板
6	楼面模板
7	阴角转角模板
8	斜撑
9	背楞
10	底脚模板
11	螺杆
12	销钉
13	销片

图 2-27　背楞-螺杆体系示意图

图 2-28　背楞-螺杆体系实物图

2.2.2　拉片体系

拉片体系是指采用拉片加固竖向模板（一般指墙柱模板以及部分外侧梁模板），安装时用定长开孔拉片穿过两片相邻边肋开槽开孔模板的槽位，然后用销钉、销片锁紧，见图2-29。

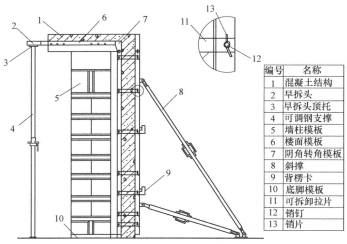

编号	名称
1	混凝土结构
2	早拆头
3	早拆头顶托
4	可调钢支撑
5	墙柱模板
6	楼面模板
7	阴角转角模板
8	斜撑
9	背楞卡
10	底脚模板
11	可拆卸拉片
12	销钉
13	销片

图 2-29　拉片体系示意图

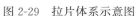

图 2-30　拉片体系实物图

对拉片加固体系是指模板与模板之间开拉片槽，通过销钉、销片固定对拉片进行加固，墙身尺寸可以得到保证，背楞由背楞卡进行紧固，起到保证混凝土成型平整度的作用，见图2-30。

拉片主要用于拉结墙、柱两边模板，确保模板的整体性及墙、柱构件尺寸。厚度一般为2~4mm，长度经过计算，一般为墙厚往两端各增加100mm，见图2-31。

拉片系统背楞为单管方形背楞，背楞主要起整平墙板的作用，尺寸一般为60mm×60mm×2.5mm，使用背楞卡，起到对背楞的紧固作用，见图2-32。

图 2-31　拉片安装组图

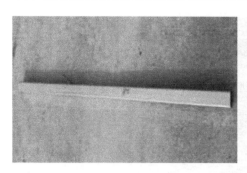

图 2-32 拉片系统单管背楞与背楞卡

2.2.3 墙柱模板体系

（1）外墙柱模板

外墙柱模板是指外墙、柱外侧的模板，即直接与外界相接触的一侧的墙柱模板，见图 2-33。

图 2-33 外墙模板组图

（2）承接模板（K 板）

承接模板也叫 K 板，多用于承接上层外墙、柱外侧及电梯井道内侧的外墙板，K 板一般需要准备 2 套，K 板上为外墙第五道加固，对拉孔一般为椭圆形孔，用于消除累积误差，见图 2-34。

K 板由 K 板螺栓加以固定，在拆除下层墙板后，下层 K 板不进行拆除，起承接上层外墙板的作用，见图 2-35。

（3）内墙柱模板

内墙柱模板是指墙、柱内侧（跟楼

图 2-34 承接模板（K 板）

图 2-35　K 板现场实物图

板或梁等相连接的一侧）模板，一般底部连有 40mm 高的底脚，底脚起到找平、易拆的作用，见图 2-36、图 2-37。

图 2-36　内墙柱模板

图 2-37　内墙柱模板现场拼装图

（4）墙端模板

墙端板是墙端部封口处模板，一般墙端不直接与外界相连，因此墙端板通常是内墙板的一种，其底部同样带角铝，目前市场上 200mm 宽的梁底板以及墙端板都做成两长边方向连有 65mm 翼缘的模板，装拆方便，整体性好，俗称飞机板，见图 2-38。

图 2-38　墙端飞机板

（5）墙柱阴角模板（墙柱竖向 C 槽）

墙柱阴角模板为竖向布置的阴角模板，主要用于连接阴角转角处的相邻墙柱模板。带底脚的墙柱阴角模板通常用于连接内墙模板，不带底脚的墙柱阴角模板通常用于连接外墙模板，见图 2-39、图 2-40。

图 2-39　带底脚的 C 槽

图 2-40　不带底脚的墙柱阴角模板

（6）墙柱阳角模板（连接角模）

墙柱阳角模板（连接角模）主要用于连接阳角转角处的相邻墙柱模板，阳角模板本身不接触混凝土，只起到连接的作用。通常阳角模板的一侧用螺栓与这一侧的墙板进行固定，另一侧用活动的销钉销片与另一侧的墙板相连，这样可以避免重复装拆劳动，见图 2-41、图 2-42。

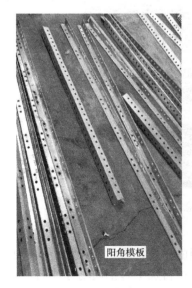

图 2-41　阳角模板

图 2-42　阳角模板安装示意图

15

（7）K 板阴角模板、K 板阳角模板

K 板阴角模板、K 板阳角模板是指连接转角处 K 板的阴角、阳角模板，其通常和 K 板一起装拆，因此 K 板阴角模板、K 板阳角模板与其下部的墙柱阴角模板、墙柱阳角模板断开，其数量需要两套，见图 2-43。

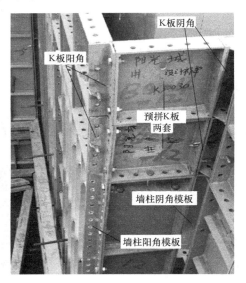

图 2-43　K 板阴角模板、K 板阳角模板实体拼装图

（8）活动角铝

内墙板下部的角铝通常与内墙板通过焊接的方式进行连接，形成一个整体，但很多时候在沉降的部位进行墙板配模时会使用到外墙板，而这些外墙板下部有时候也需要接角铝，这种角铝是可拆卸的，是通过螺栓与墙板相连的，见图 2-44。

图 2-44　活动角铝示意图

（9）接高墙板

当某些建筑层高较高时，如果墙板采用一板到顶的做法，虽然模板数量减少了，但是单块墙板重量太重，给工人运输与装拆墙板带来不便，再加上各铝模场标准墙板的长度通常不能满足层高很高时一板到顶的要求，此时可采用接高板进行接高，接高板可采取横向

接高或竖向接高，见图 2-45、图 2-46。

图 2-45　接高板实体拼装图

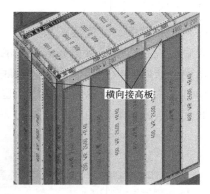

图 2-46　横向接高板三维图

（10）节点处倒置 C 槽

节点处倒置 C 槽见图 2-47。

图 2-47　倒置 C 槽

（11）节点处盖板、盖板飞机板

节点处盖板、盖板飞机板见图 2-48、图 2-49。

图 2-48　节点处倒置 C 槽及
盖板飞机板实体拼装图

图 2-49　节点处倒置 C 槽及盖板飞机板三维图

2.2.4 梁模板体系

（1）梁底模板、梁底飞机板

梁底模板是直接接触梁底混凝土的水平布置的平面模板，梁底模板在梁的宽度方向通过阳角模板与两侧板相连，也有些梁底模板两侧带有翼缘，翼缘打孔直接与竖向的梁侧板通过销钉、销片相连，这种梁底模板也称飞机板，梁底模板或梁底飞机板在长度方向两端接梁底支撑头或梁底阴角模板，见图 2-50。

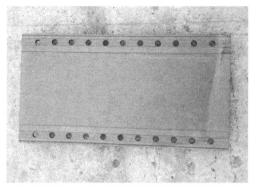

图 2-50　梁底飞机（模）板

（2）梁侧模板

梁侧模板是指在梁侧竖直方向布置的平面模板，用于遮挡梁侧混凝土，内侧梁的梁侧模板上部一般与楼面顶角 C 槽连接，见图 2-51。

图 2-51　梁侧模板

（3）梁侧阴角模板（梁侧竖向 C 槽）

在梁梁相交或梁墙相交处，往往会存在竖向的阴角，该处需要布置梁侧阴角模板，梁侧阴角模板底部搁置于梁底阴角模板上，上部一般接楼板转角阴角模板。梁侧阴角模板一侧接梁侧模板，另一侧按具体情况可接梁侧模板或墙板等，见图 2-52。

梁侧阴角模板

图 2-52　梁侧阴角模板实体拼装图

（4）梁底阴角模板（梁底横向C槽）

在高低梁相交处、梁墙相接处以及梁墙相交处，往往会存在横向的阴角，该处需要布置梁底阴角模板，见图2-53。

图2-53 梁底阴角模板实体拼装图

（5）梁底支撑头

由于受力原因，在梁梁相交处、悬挑梁（含下挂梁、飘板等）的端部、梁底板之间均需要布置梁底支撑头，见图2-54。

图2-54 梁底支撑头组图

2.2.5 楼面模板体系

（1）楼板模板

楼板模板是用于楼板、直接接触板底混凝土的矩形模板，楼板模板长度方向两端通常连接龙骨支撑或楼面顶角C槽，宽度方向两侧与其他楼板模板或楼面顶角C槽相连，见图2-55、图2-56。

（2）楼板阴角模板（楼面顶角C槽）

楼板阴角模板是指楼面一周水平布置的直阴角模板，阴角的水平部分与该处的楼板模板或单斜龙骨相连，竖向部分与梁侧模板或墙板模板相连，见图2-57。

图 2-55　楼板模板

图 2-56　楼板模板实体拼装图

图 2-57　楼板阴角模板布置示意图

（3）楼板内转角阴角模板（楼面内转 C 槽）

楼板内转角阴角模板是指布置在楼板角落处的内转 C 槽，其由两段端部斜切的 C 槽焊接而成，通常呈 90°直角，内转 C 槽通常置于楼板四个转角处，与其相邻的顶角 C 槽连接，见图 2-58。

图 2-58　楼面内转 C 槽模板布置示意图

（4）双斜龙骨、单斜龙骨

楼板模板长度方向的边肋通常与相邻的楼板模板相连，但楼板模板宽度方向的端肋之间通常需要布置龙骨与早拆头，早拆头置于龙骨与龙骨之间，龙骨与早拆头相连接处需要做成斜口，方便装拆。龙骨与楼板端部的顶角 C 槽相连接处则需要做成直口。板中龙骨通常两端都做成斜口，称为双斜龙骨；板边龙骨通常只有一端做成斜口，称为单斜龙骨，见图 2-59、图 2-60。

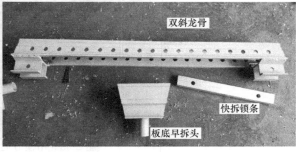

图 2-59　楼面模板早拆装置布置示意图　　　图 2-60　楼面早拆体系实物图

（5）板底早拆头

板底早拆头是龙骨与龙骨之间布置的构件，楼板模板承受的荷载，传递给龙骨，龙骨再传递给板底早拆头，最后再通过钢支撑传到下层楼面，如图 2-19、图 2-59 所示。

（6）吊模体系

1）吊模板

钢筋混凝土结构沉降板上部四周需要布置一圈模板，用以遮挡周边墙、梁混凝土，并确定沉降板混凝土浇筑的顶标高。这一圈模板的矩形板部分，就称为吊模板，简称吊模，见图 2-61。

2）吊模阴角模板

吊模阴角模板是指在沉降板上方四周的转角处，需要布置竖向的阴角模板，用以连接矩形吊模板，见图 2-62。

图 2-61　吊模现场安装实物图　　　　　图 2-62　吊模阴角实体拼装图

3）吊模方通

当沉降的数值比较小，比如在 20～70mm 范围内，此时我们不再选择宽度窄小的铝模做吊模，而选用特定宽度的方钢管横着布置，作为吊模，这种吊模称为吊模方通，见图 2-63。

4）直角钢、Z 行角钢

角钢也叫角铁，是用于给吊模加固的铁质连接构件，标准件尺寸一般为 63mm×

图 2-63　吊模方通现场安装图

63mm，角钢一般分为直角钢与 Z 形角钢，见图 2-64、图 2-65。

图 2-64　直角钢、Z 形角钢实物图

图 2-65　角钢实体安装图

5）封边板

一些反梁的端部如果连接的是钢筋混凝土墙，则该处需要配置一块封边板用于遮挡混凝土，见图 2-66。

图 2-66　封边板现场应用图

2.2.6　楼梯专用模板体系

（1）楼梯踏步盖板

楼梯踏步混凝土的上方一般需要布置盖板，用以遮挡混凝土，使楼梯踏步能够更好地成型，该盖板叫楼梯踏步盖板，见图2-67。

图2-67 楼梯踏步盖板组图

图2-68 楼梯狗牙板连接示意图

（2）楼梯狗牙板

楼梯狗牙板是连接楼梯踏步盖板与墙板或梁侧板之间的专用模板，它在水平方向的一段可以用来当踏步盖板使用，在竖直方向的一段又可以用来遮挡墙身或梁侧混凝土，因为其形状像狗的牙齿，故称为楼梯狗牙板，见图2-68。

（3）楼梯侧挡板（楼梯反狗牙板）

当楼梯的一侧并未与墙或梁相连时，该段楼梯的侧面需要设置楼梯侧挡板，楼梯侧挡板通常开背孔与踏步盖板相连，见图2-69。

2.2.7 铝模板附件体系

（1）背孔

图2-69 楼梯侧挡板实物图

在某些特殊情况下，铝模板的面板需要开背孔（如楼梯侧挡板等），用销钉、销片与其他模板的孔位相连。开背孔处需要焊接铝片再开孔，以保证用销钉、销片紧固时的厚度要求，见图2-70。

图 2-70　背孔、焊接铝片

（2）梁压槽贴片（梁水平贴片）、墙压槽贴片（墙竖向贴片）

由于铝模板混凝土成型质量好，表面平整光滑，使得铝模板工程可以达到免抹灰的效果。在梁底或剪力墙墙端需要砌砖墙时，为了使砖墙和梁底、砖墙与剪力墙之间不产生裂缝，需在两者相结合处拉钢丝网片，再抹灰覆盖。这就需要在拉钢丝网的范围内设置梁水平压槽及墙竖向压槽，即该处的梁侧模板、剪力墙模板相应位置需要布置贴片，分别称为梁压槽贴片和墙压槽贴片，见图2-71。

图 2-71　压槽、贴片组图

（3）企口

在外窗节点处，需设置企口，以方便安装和起到防水作用。目前企口有两种常见做法，一种是开发相应的外窗企口专用型材，另一种则是采取贴片的形式，其原理和梁、墙压槽贴片类似，见图 2-72。

图 2-72　企口型材

（4）滴水

在外飘板下方设置不贯穿的滴水线，可以起到防止雨水回流的效果，滴水的原理与做法同梁、墙贴片类似，只不过贴片的型材稍有不同，滴水尺寸较小，所以通常直接采用铝锭作为贴片进行安装，见图 2-73。

图 2-73　滴水贴片现场安装图

（5）C 槽全封边

普通 C 槽的端部为开孔的端肋，但是在一些特殊的节点部位，部分水平或竖向 C 槽的端部需要起到遮挡混凝土的作用。这个时候，C 槽的端部需要做全封边，也称端封，见图 2-74。

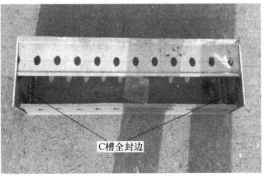

图 2-74　C 槽封边组图

（6）铝模板工器具

1）铁锤、撬棍、扳手

铁锤、撬棍、扳手见图 2-75、图 2-76。

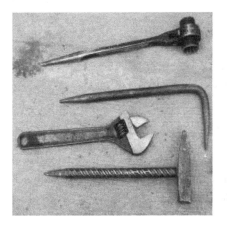

图 2-75 铁锤、撬棍、扳手实物图

图 2-76 撬棍对孔

2）手持式电钻

铝模板冲孔通常在铝模加工厂完成，但由于设计上的一些疏忽，导致一些模板无法对孔，此时在现场临时开孔，需要用到手持式电钻设备，见图 2-77。

图 2-77 手持式电钻

2.3 铝合金模板拼装构造要求

2.3.1 背楞-螺杆体系墙柱模板构造要求

墙柱模板采用对拉螺杆连接时，最底层背楞距离地面、外墙最上层背楞距离板顶不宜大于 300mm，内墙最上层背楞距离板顶不宜大于 700mm；背楞竖向间距不宜大于 800mm；对拉螺杆横间距不宜大于 800mm；转角背楞及宽度小于 800mm 的柱箍宜一体化，L 形墙肢模板宜通过背楞连成整体（图 2-78～图 2-84）。

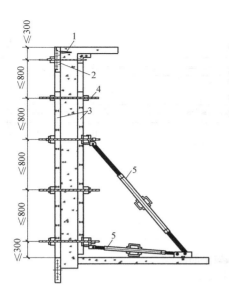

图 2-78　背楞加固体系示意图
1—预埋螺栓；2—承接模板；3—墙模板；
4—对拉螺栓；5—斜撑

图 2-79　背楞加固体系实物图

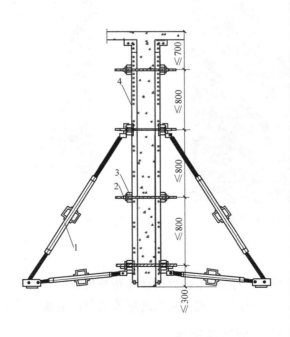

图 2-80　内墙背楞布置示意图
1—斜撑；2—对拉螺栓；3—背楞；4—墙模板

铝合金模板系统中，背楞的主要作用在于增加墙柱模板的侧向刚度，保证拆模后混凝土的成型质量。背楞间距过大，墙柱模板侧向刚度不足，容易爆模。

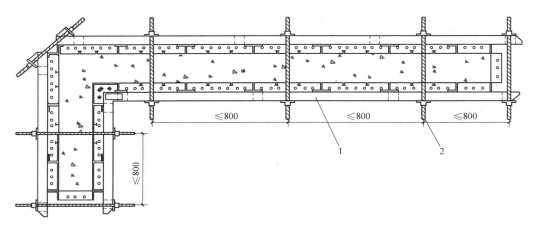

图 2-81 墙背楞布置平面图
1—背楞；2—对拉螺栓

图 2-82 墙背楞加固实物图

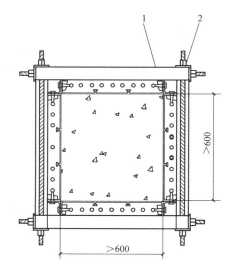

图 2-83 柱背楞布置示意图
（截面＞600mm）
1—背楞；2—对拉螺栓

转角背楞一体化要求的目的在于控制墙柱转角处模板的变形。工地实际考察发现，在墙柱转角处，若背楞没有一体化，则容易出现爆模现象，混凝土成型质量很难达到要求。

2.3.2 拉片体系墙柱模板构造要求

（1）墙柱模板采用拉片连接时，最低层拉片距离地面不宜大于 200mm，外墙最上层拉片距离顶板不宜大于 200mm，内墙最上层拉片距离不宜大于 600mm，除满足计算要求外，每道模板竖向拼缝应设置拉片，拉片竖向间距、横向间距不宜大于 600mm；背楞通过背楞扣与模板连接，背楞扣横向间距不宜大于 1200mm，背楞不宜小于 2 道，如图 2-85、图 2-86 所示。

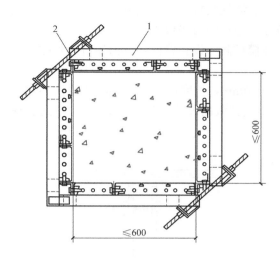

图 2-84　柱背楞布置示意图
（截面≤600mm）
1—背楞；2—对拉螺栓

图 2-85　拉片体系实物图

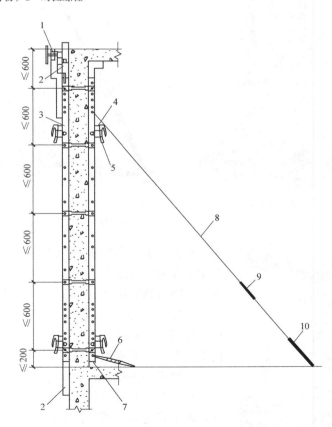

图 2-86　墙柱模板拉片布置示意图
1—竖背楞；2—承接模板；3—墙模板；4—背楞；5—背楞扣；6—小斜撑；
7—转角模板；8—钢丝绳；9—拉索扣；10—花篮螺栓

铝合金模板系统中，拉片的主要作用在于增加墙柱模板的侧向刚度，保证拆模后混凝土的成型质量。每道模板竖向拼缝，应设置拉片，通过销钉将模板与拉片连接在一起。

为确保墙柱模板拼装的平整度和垂直度，在模板侧面设置背楞，背楞通过背楞扣与模板连接。

（2）当设置斜撑时，墙斜撑间距不宜大于2000mm，长度小于2000mm的墙体斜撑不应少于两根；柱模板斜撑间距不应大于700mm，当柱截面尺寸大于800mm时，单边斜撑不宜小于两根，如图2-87、图2-88所示。

图2-87　斜撑布置实物图

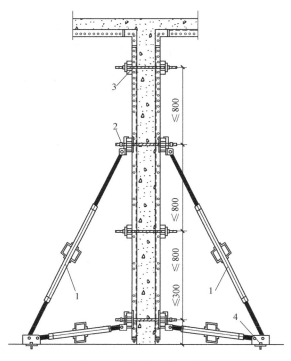

图2-88　斜撑布置示意图

1—小斜撑；2—对拉螺栓；3—背楞；4—固定螺栓

图2-89　墙模板组装实物图

斜撑在铝合金模板系统中主要用于模板安装过程中调整模板垂直度和混凝土浇捣过程中保持模板的垂直度。因背楞紧贴单面墙的每件模板，故规定斜撑上端要支撑在背楞上以纠正现行很多项目斜撑支撑在模板上的现象。同时，斜撑支撑在竖向背楞上对调整模板垂直度、平整度效果较好。

当模板整体受到较大的水平荷载时，斜撑可以为模板整体系统起到抗滑移、抗倾覆作用。一般斜撑布置间距不宜过大，便于控制整片墙体模板的安装质量。

竖向模板之间及其与竖向转角模板之间应采用销钉销紧，销钉间距不宜大于300mm。模板顶端与转角模板或承接模板之间、模板拼接处，模板宽度大于200mm时，不宜少于 2 个销钉；宽度大于 400mm 时，不宜小于 3 个销钉（图 2-89～图 2-91）。

相邻模板连接销钉数量的要求，主要目的在于保证相邻模板间传力的可靠性。

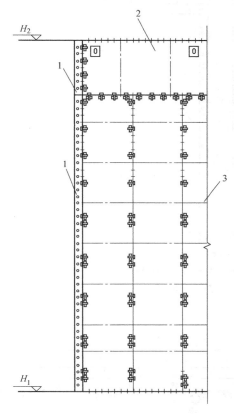

图 2-90　外墙模板组装示意图

1—转角模板；2—承接模板；3—外墙柱模板

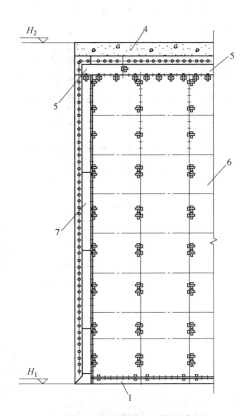

图 2-91　内墙模板组装示意图

4—楼板；5—楼板阴角模板；
6—内墙柱模板；7—墙柱阴角模板

2.3.3　楼面模板构造要求

（1）楼板阴角模板的拼缝应与楼板模板拼缝错开。

（2）楼板模板受力端部，除满足计算要求外，每侧销钉不宜少于 2 个，销钉间距不宜大于 150mm，不受力侧边，销钉间距不宜大于 300mm（图 2-92、图 2-93）。

2.3.4　梁模板构造要求

（1）梁侧、梁底模板与墙、柱模板连接，除满足受力要求外，孔间距不宜大于 100mm（图 2-94、图 2-95）。

（2）梁模板、楼板阴角模板拼缝宜相互错开，梁侧模板拼缝两侧应用销钉与楼板阴角模板连接。

当梁高小于等于 600mm 时，梁侧模板宜横向布置，可不设背楞；当梁高大于等于 600mm 时，宜在梁侧模板处设置背楞，梁侧模板沿高度方向拼接时，应在拼接缝附近设置横向背楞。

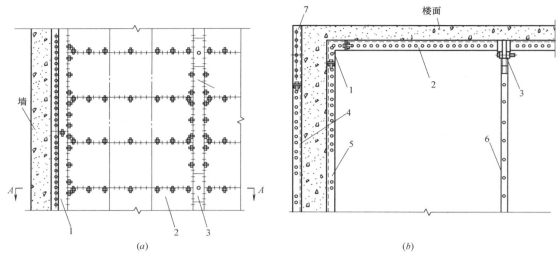

图 2-92　楼板模板组装示意图

(a) 平面图；(b) A-A 剖面

1—楼面阴角模板；2—楼面模板；3—楼面早拆头；4—外墙柱模板；

5—内墙柱阴角模板；6—可调钢支撑；7—承接模板

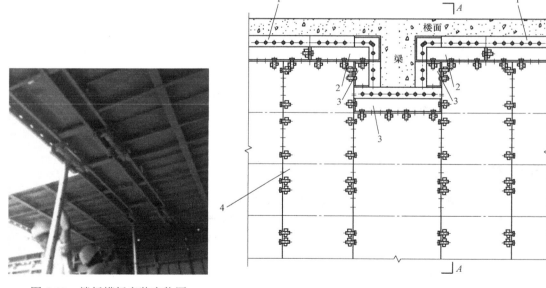

图 2-93　楼板模板安装实物图

图 2-94　梁垂直墙节点装示意图

1—楼面阴角模板；2—楼面转角阴角模板；3—梁侧阴角模板；

4—内墙柱模板

　　工程经验表明，当梁较高时，梁模板安装过程中容易出现整体偏移，施工中应采取相应措施调整。当梁与墙、柱齐平时，梁背楞宜与墙、柱背楞连为一体（图 2-96）。

　　与墙柱模板一样，梁侧模板在混凝土施工过程中所受的侧压力也很大，为保证模板整

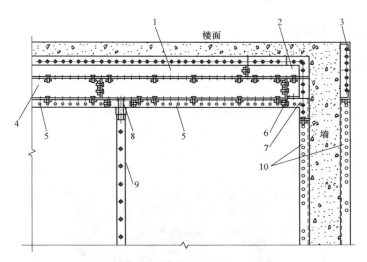

图 2-95　梁垂直墙节点大样 A-A 剖面

1—楼面阴角模板；2—楼面转角阴角模板；3—承接模板；4—梁侧模板；5—转角模板；
6—梁侧阴角模板；7—梁底阴角模板；8—梁底早拆头；9—可调钢支撑；10—内、外墙柱模板

体受力可靠，混凝土成型质量符合要求，一般不允许沿梁高方向拼接。当梁侧模板确需沿梁高度方向拼接时。应采取可靠的加固措施，一般可在拼缝一侧加设一道横向背楞，或者在拼缝垂直方向设置一定数量的竖向背楞。

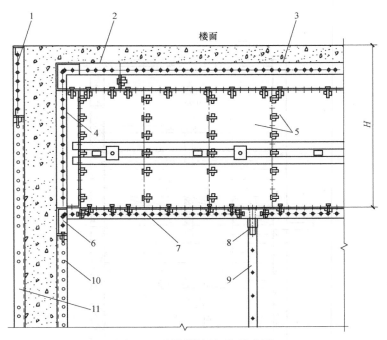

图 2-96　梁侧模板组装示意图

($H>$600mm)

1—承接模板；2—楼面转角阴角模板；3—楼面阴角模板；4—梁侧阴角模板；
5—梁侧模板；6—梁底阴角模板；7—转角模板；8—梁底早拆头；
9—可调钢支撑；10—内墙柱模板；11—外墙柱模板

2.3.5　楼梯模板构造要求

双跑楼梯的中间休息平台宜设置上盖板，楼梯模板构造示意图（图 2-97～图 2-103）。

图 2-97　楼梯现场拼装图

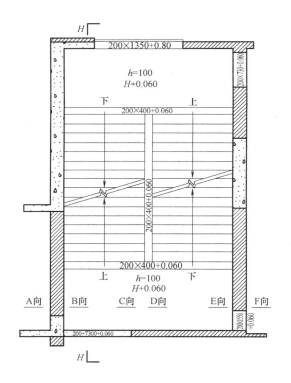

图 2-98　楼梯俯视图

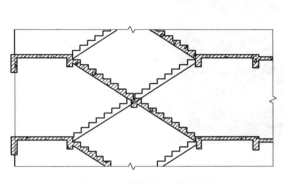

图 2-99　楼梯 H-H 剖视图

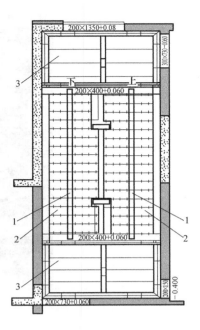

图 2-100　楼梯盖板配模平面图

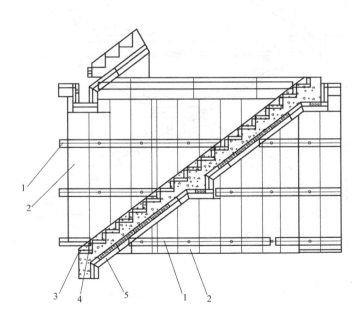

图 2-101　楼梯 B 向视图

1—背楞；2—墙模板；3—楼梯侧向转角模板；

4—楼梯盖板；5—楼梯阴角模板

图 2-102　楼梯铝模实物图

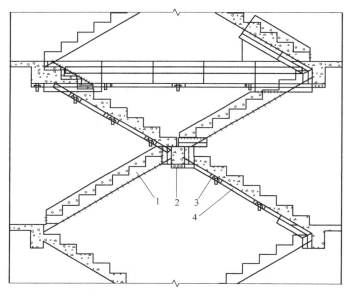

图 2-103　楼梯 C 向视图

1—楼梯侧向转角模板；2—早拆头；3—楼梯底板早拆头；4—平面模板

铝模板拼装图识图

【学习目标】

掌握铝模板拼装图识图基础，即三面投影基础知识、常用铝模板构件识读及底图基础知识。

3.1 识图基础知识

3.1.1 三面投影基础知识

（1）投影原理

立体表面是由若干面所组成，表面均为平面的立体称为平面立体；表面为曲面或平面与曲面的立体称为曲面立体。在投影图上表示一个立体，就是把这些平面和曲面表达出来，然后根据可见性原理判断哪些线条是可见的或是不可见的，分别用实线和虚线来表达，从而得到立体的投影图。

平面立体的投影实质是关于其表面上点、线、面投影的集合，且以棱边的投影为主要特征，对于可见的棱边，其投影以粗实线表示；反之，则以虚线示之。

（2）三面投影图的概念

在工程制图中常把物体在某个投影面上的投影称为视图，正面投影、水平投影、侧面投影分别称为正视图、俯视图、侧视图。物体的三面投影图总称为三视图或三面图。正面投影面通常用大写字母 V 表示（vertical 垂直面），水平投影面用大写字母 H 表示（horizontal 水平面），侧面投影面用大写字母 W 表示（width 宽度）。

对于一个物体，可用三视投影图来表达它的三个面。这三个投影图之间既有区别又有联系，具体如下。

1）正立面图（正视图）：能反映物体的正立面形状以及物体的高度和长度，及其上下、左右的位置关系；

2）侧立面图（侧视图）：能反映物体的侧立面形状以及物体的高度和宽度，及其上下、前后的位置关系；

3）平面图（俯视图）：能反映物体的水平面形状以及物体的长度和宽度，及其前后、左右的位置关系。

（3）三面投影示例

六棱柱由两个底面和几个侧棱面组成。侧棱面与侧棱面的交线叫侧棱线，侧棱线相互平行。

图 3-1 中，正六棱柱的顶面、底面均为水平面，它们的水平投影反映实形，正面及侧面投影均为一根直线。

图 3-2 中，正六棱柱有六个侧棱面，前后棱面为正平面，它们的正面投影反映实形，水平投影及侧面投影重影为一条直线。

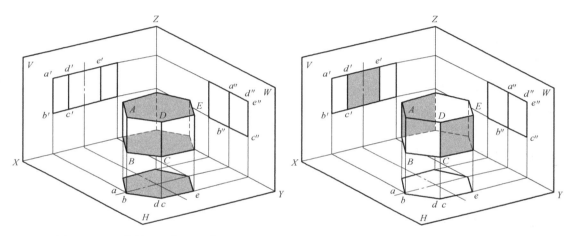

图 3-1 正六棱柱三面投影示意图 1　　　　图 3-2 正六棱柱三面投影示意图 2

图 3-3 中，正六棱柱的其他四个侧棱面均为铅垂面，其水平投影为直线。正面投影和侧面投影均为类似形。

正六棱柱三面投影见图 3-4。

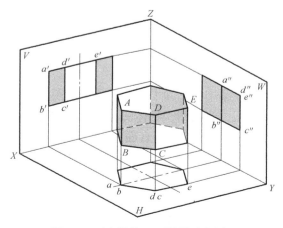

图 3-3 正六棱柱三面投影示意图 3

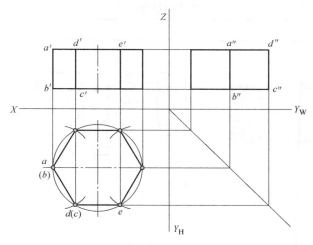

图 3-4　正六棱柱三面投影

（4）三面投影图的特点

由于正面投影、水平投影都反映了形体的长度，所以形体上所有的线（面）的正面投影、水平投影应当左右对正；同理，由于正面投影、侧面投影都反映了形体的高度，形体上所有的线（面）的正面投影、侧面投影应当上下对齐；又由于水平投影和侧面投影都反映了形体的宽度，形体上所有的线（面）的水平投影与侧面投影的宽度分别相等，见图 3-5。

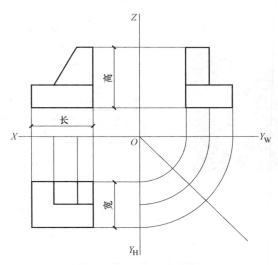

图 3-5　三面投影展开图

上述三面投影的基本规律可以概括为三句话："长对正、高平齐、宽相等"，简称"三等"关系。"三等"关系是绘制和阅读正投影图必须遵循的投影规律，在通常情况下，三个视图的位置不应随意移动。

3.1.2　常用铝模板构件识读

常用铝模板构件见表 3-1。

常用铝模板构件 表 3-1

名称	图片	图纸表达
平面模板		角位加强板 封板 U形材 工字肋 A—A 封板 工字肋 B—B
阴角模板		铝板加筋，间距不大于700mm A—A
转角阴角模板		加筋 A—A B—B
连接角模		A—A

续表

名称	图片	图纸表达
梁早拆头		
板早拆头		
单斜早拆铝梁		
双斜早拆铝梁		
快拆锁条		

续表

名称	图片	图纸表达
螺杆	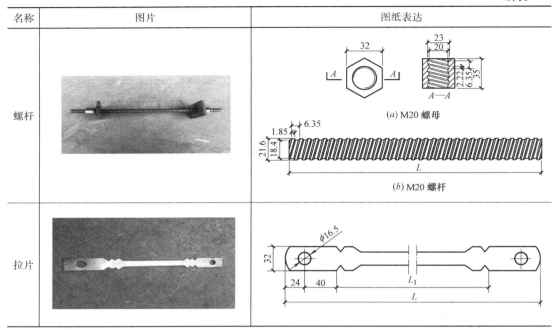	(a) M20 螺母 (b) M20 螺杆
拉片		

3.1.3 底图基础知识

铝模拼装图中，柱、墙、梁、板、节点、背楞、吊模等模板体系通常都是在经过修改以后的标准层板平面布置图（深化底图）的基础上进行表达，而楼梯配模拼装图通常是在楼梯平面布置图及楼梯结构剖面图的基础上表达。

（1）楼层结构平面图

用一个假想的水平剖切平面沿楼板面水平剖开后，移去上面的部分，对剩下部分向 H 面做正投影，所得的水平剖面图，称为楼层结构平面图。

（2）底图

底图通常是由标准层楼板平面布置图经过修改、调整所得，本为配模设计所需，可用于铝模板拼装图。底图上表达的内容很多，包括墙、柱、梁、楼板等钢筋混凝土承重构件的平面位置及尺寸，概括起来主要有轴线、结构轮廓线（柱、墙、梁、板轮廓线及外墙线条）、标注（梁、板、节点标注）。轴线的作用主要是对构件进行定位，各轮廓线主要用来表示构件的平面范围，而标注的作用是确定构件的具体尺寸大小。如图 3-6 所示。

（3）剖面图的概念

在画物体的正投影图时，规定用实线表示物体的可见轮廓线，用虚线表示不可见的物体内部孔洞以及被外部遮挡的轮廓线。当物体内部的形状较复杂时，在投影中就会出现很多虚线，虚线间相互重叠或交叉，使图样不够清晰。为此，我们在制图中常采用剖面图的表示方法。

假想用一个垂直剖切平面把房屋剖开，将观察者与剖切平面之间的部分房屋移走，把留下的部分对与剖切平面平行的投影面作正投影，所得到的正投影图，称为建筑剖面图，简称剖面图，如图 3-7 所示。

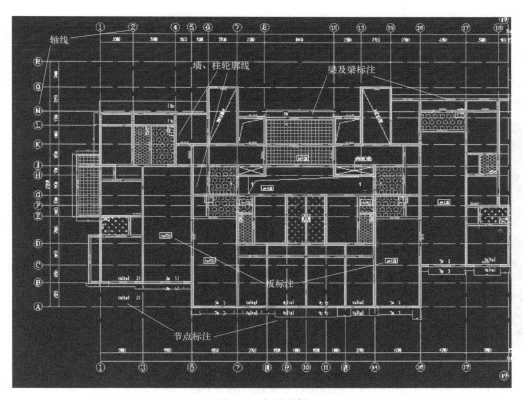

图 3-6　底图示例

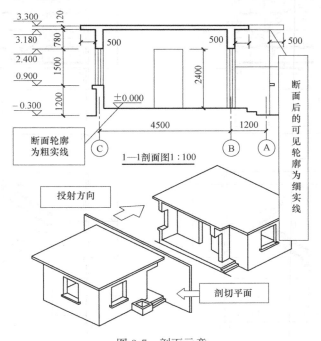

图 3-7　剖面示意

（4）楼梯剖面图

楼梯的楼板部分配模及梁配模通常可在楼梯平面布置图上表示，但楼梯墙板、楼梯踏步、楼梯支撑、楼梯阴角、狗牙板、楼梯侧板等其他楼梯专用模板通常需要在楼梯剖面图上表示，如图3-8、图3-9所示，该楼梯的模板需要四个剖面才能表达清楚，剖切的位置如图所示，分别为 A-A、B-B、C-C、D-D。

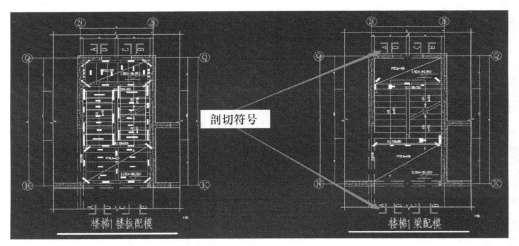

图 3-8　楼梯剖切示意图

剖面图的命名应与平面图上的剖切符号一致，图 3-9 是上述楼梯四个剖面的配模拼装图。

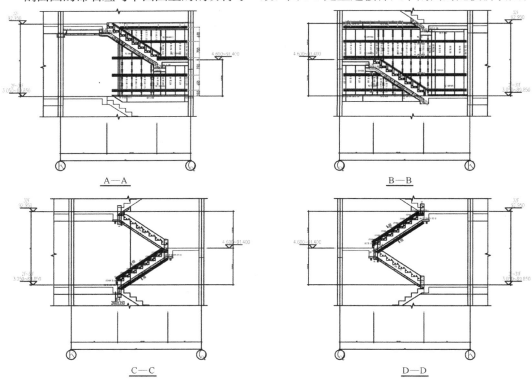

图 3-9　楼梯配模剖面图

3.2 铝模板拼装图识图

铝模拼装图由墙板拼装图、K 板拼装图、背楞拼装图、梁板拼装图、楼面拼装图、吊模拼装图、节点拼装图（可放在墙板拼装图中）、楼梯拼装图等组成。其中，除楼梯外，其他拼装图都在平面深化底图上表示，并应有统一的定位分区编号，便于模板的查找与检查，见图 3-10。

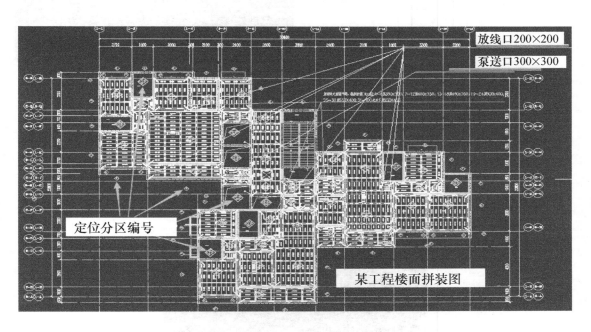

图 3-10 某工程楼面拼装图

3.2.1 墙柱拼装图

（1）墙板拼装图识图

墙板拼装图中，内墙模板（300 WR 2640）、外墙模板（150 WE 2700）、墙端模板（200 WRF 2190）等均用矩形线框表示，见图 3-11。矩形线框的长度为墙柱模板的宽度（如 300mm、150mm、200mm），矩形线框的宽度为模板型材边肋或封边的截面尺寸，市场上目前以截面尺寸为 65mm 的型材居多（下同），墙板的长度（即高度）在平面图上无法体现，只能体现在其标注中，如 2640（2600mm 高的墙板＋40mm 高的底脚）、2700、2190（2150mm 高的墙端飞机板＋40mm 高的底脚）等。

图 3-12 中，"200 WEF 1300 T900" 表示该墙端飞机板宽 200mm，高 1300mm，从 H 面往上抬高 900mm 安装；"100 WA 300 T800" 表示该墙板高度为 100mm，宽为 300mm，下端做成 A 斜口，与下方节点处的 ICH 倒置 C 槽进行易拆连接。

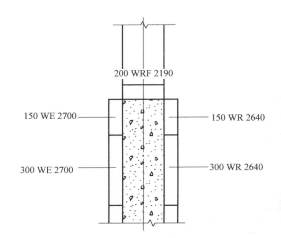

图 3-11 墙板拼装图（部分）1

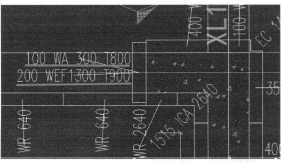

图 3-12 墙板拼装图（部分）2

墙柱阳角模板（EC 1400）用两边长均为 65mm 的 L 形折线框表示，厚度一般为6～8mm（具体依据型材而定）；墙柱阴角模板（1515 ICA 2640）用两个矩形线框呈 90°L 型相交得到的六边形表示，两个矩形框的长分别为墙柱竖向阴角两个方向的截面尺寸（图3-13 中均为 150mm），宽为型材封边或边肋的截面尺寸（65mm）。同样，墙柱阳角模板、墙柱阴角模板的长度在平面图上无法体现，但可体现在其标注中，如 1400mm、2640mm（2600mm 长的墙柱阴角模板＋40mm 高的底脚）等。

图 3-13 墙板拼装图（部分）3

图 3-13 中 "PH" 指外墙模板底平 H 面安装（此工程的外墙模板 WE 默认从 H 面往上抬高 50mm）。

墙柱对拉螺杆通常用粗、长直线表示，直线的长度即为对拉螺杆的长度，在同一个工程实例中，对拉螺杆的长度基本上都是相同的，因此拼装图上通常不再写上对拉螺杆的命名编号（TRA 700），以免图纸上标注太多，导致混乱，只对一些特殊长度的螺杆进行标注即可（TRA 800，螺杆最好标成其他颜色，与普通螺杆以示区别）。另外，对拉螺杆对中墙柱模板穿墙对拉时，不需要标出对拉螺杆的位置，但非对中穿墙的对拉螺杆，需要在图纸上定位，见图 3-14。

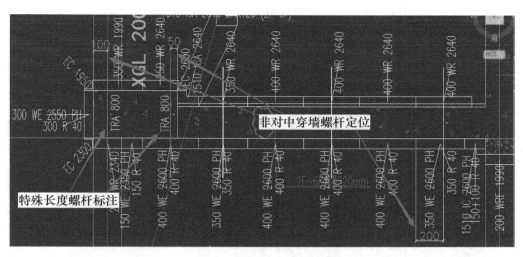

图 3-14　墙板拼装螺杆定位

（2）墙板拼装图示例

下面我们通过工程实例，将墙板拼装图、软件三维模型、墙板实体拼装图三者进行对比，以加深对墙板系统拼装图的理解。

Q1：逆时针方向编号，见图 3-15～图 3-17。

Q2：逆时针方向编号，见图 3-18～图 3-20。

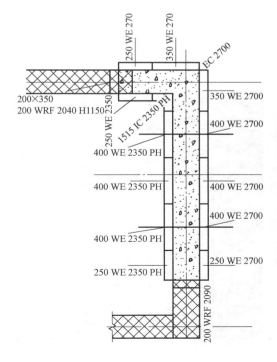

图 3-15　Q1 拼装图

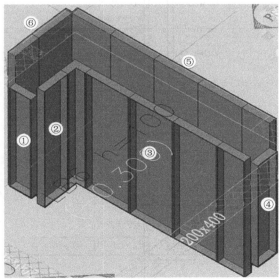

图 3-16　Q1 三维模型图

图 3-17　Q1 铝模实体拼装图

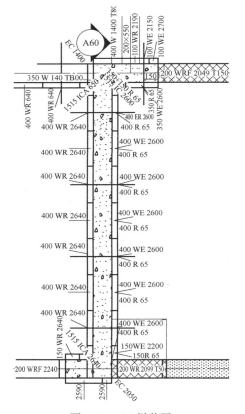

图 3-18　Q2 拼装图

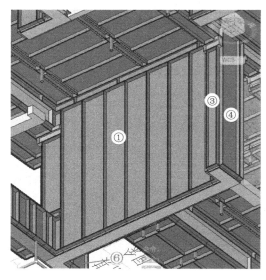

图 3-19　Q2 三维模型图

图 3-20　Q2 铝模实体拼装图

3.2.2　K 板拼装图

（1）K 板拼装图识图

K 板拼装图中，外墙墙身 K 板模板（200 K 450）、外梁 K 板（200 K 2400，外墙节点处的 K 板，K 板上承接上层矮墙的墙板）等均用矩形线框表示。矩形线框的长度为 K 板的长度，矩形线框的宽度为模板型材边肋或封边的截面尺寸（65mm），图 3-21、图 3-22 中两种 K 板的高度均为 200mm，在平面图上无法看出，但可在其标注中体现。

K 板阴角模板（1515 ICK 200）、K 板阳角模板（ECK 200）在平面图中的表达方式，与墙柱拼装图中的墙柱阴角模板、墙柱阳角模板类似，这里不再赘述。

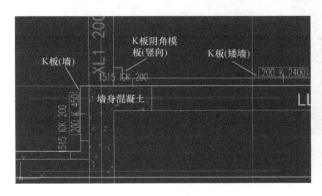

图 3-21　K 板布置图

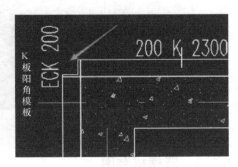

图 3-22　K 板阳角模板布置

注：K 板模板、K 板阴角模板、K 板阳角模板在拼装图中只画了一套，而清单里需要乘以系数 2，即需要两套。

（2）K 板拼装图示例

下面我们通过外墙 K 板及电梯井 K 板两个实例，将 K 板拼装图、软件三维模型、K 板实体拼装图三者进行对比，以加深对 K 板系统拼装图的理解，见图 3-23～图 3-28。

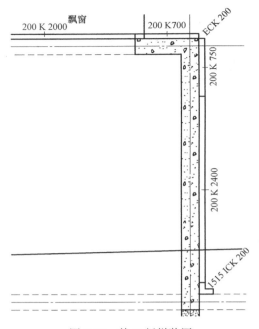

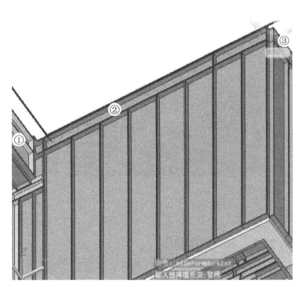

图 3-23　某 K 板拼装图　　　　　　　图 3-24　某 4K 板三维模型

图 3-25　某电梯井 K 板拼装图

3.2.3　背楞拼装图

（1）背楞拼装图识图

1）背楞拼装图中，背楞通常用长方框表示，方框的长即为背楞的长，方框的宽即为双管背楞的截面宽度，双管背楞的截面高度由型材定，在拼装图中不显示。背楞转角焊接部位用两个长方框相交表示，阳角处斜拉和阴角处斜切分别用在方框上增加三角形和在方框上截掉三角形表示，背楞卡扣用长方形表示。通常，我们会把 1～4 道背楞放在同一张背楞拼装图上，第 5 道背楞单独放在一张拼装图上，见图 3-29～图 3-31。

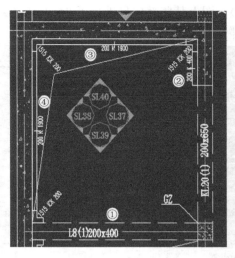
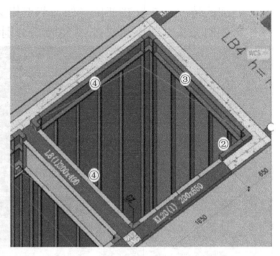

图 3-26 某电梯井 K 板拼装图　　　　　　图 3-27 某电梯井 K 板三维模型

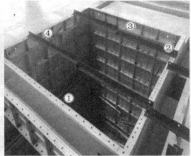

图 3-28 某电梯井 K 板实体拼装图

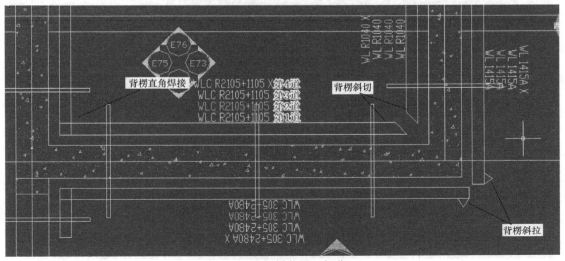

图 3-29 背楞拼装图（部分）1

2）在一些铝模体系中，背楞分大、小两种，通常下面 1～3 道背楞为大背楞，上面 4～5 道背楞为小背楞（标注尾部加"X"）。导致长方框在长度方向和宽度方向均会有交错、叠加的情况，在有些部位（如与节点相交处），图上某些部位只进行了 2～3 道背楞的标注，我们无法立即得知此 2～3 道背楞分别为哪几道背楞？见图 3-32。

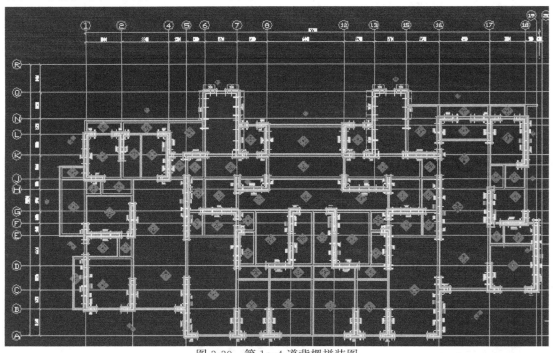

图 3-30　第 1～4 道背楞拼装图

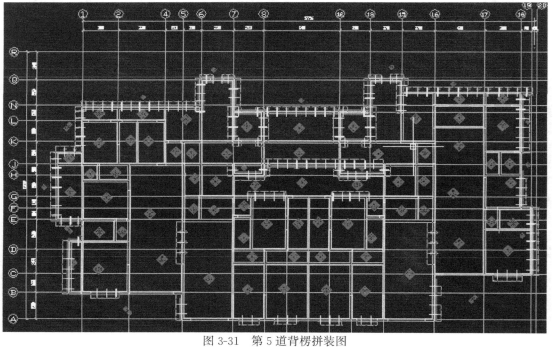

图 3-31　第 5 道背楞拼装图

　　3）背楞拼装图中的交错叠加容易造成混乱，建议不同道数的背楞使用不同的颜色，以示区别，见图 3-33、图 3-34。

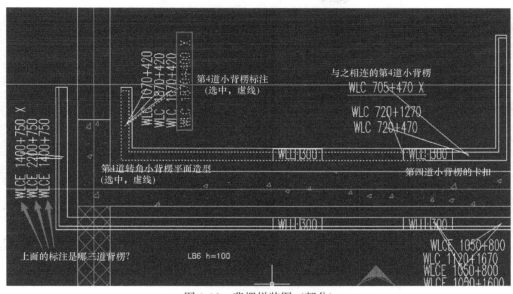

图 3-32　背楞拼装图（部分）

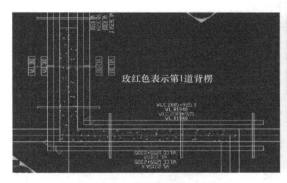

图 3-33　第 1 道背楞颜色区分图

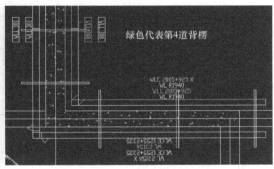

图 3-34　第 4 道背楞颜色区分图

（2）背楞拼装图示例

下面我们通过某 T 形墙（带墙垛）及某 L 形墙（接飘板）实例，将背楞拼装图、软件三维模型、背楞实体拼装图三者进行对比，以加深对背楞系统拼装图的理解，见图 3-35～图 3-40。

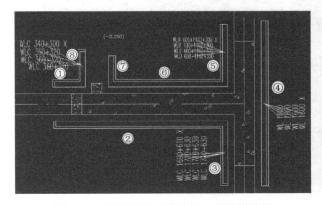

图 3-35　某 T 形墙（带墙垛）背楞拼装图

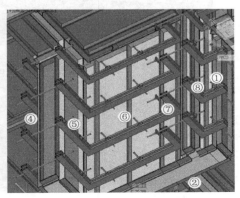

图 3-36　某 T 形墙（带墙垛）背楞三维模型

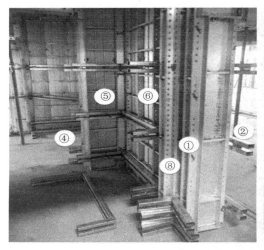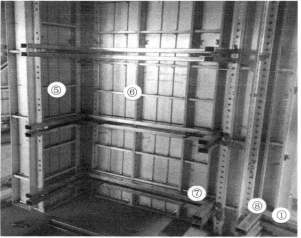

图 3-37　某 T 形墙（带墙垛）背楞实体拼装图

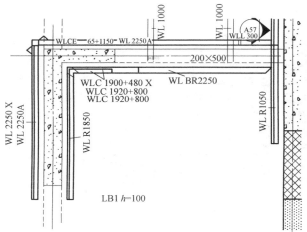

图 3-38　某 L 形墙（接飘板）背楞拼装图

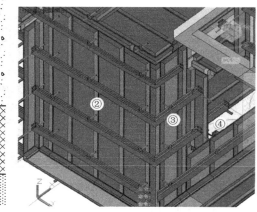

图 3-39　某 L 形墙（接飘板）背楞三维模型

图 3-40　某 L 形墙（接飘板）背楞实体拼装图

温馨提示：扫描下方二维码，可观看墙模、K板、背楞实体拼装识图小视频。

3.1　墙实体拼装识图2♯C39　　　　　　　　3.2　墙实体拼装识图2♯C4

3.2.4　梁板拼装图

（1）梁板拼装图识图

梁板拼装图中表达的内容通常有：梁底模板、梁侧模板、梁底支撑头、梁底阴角模板、梁侧阴角模板等。

1）梁底模板（200 BS 1200，梁底飞机板）在平面上的投影为梁底模板的光面，通常为矩形。矩形的长为梁底模板的长度（1200mm），矩形的宽为梁底模板的宽度（200mm）。

2）梁侧模板（400 B 1950）在平面上的投影为矩形，矩形的长为梁侧模板的长度（1950mm），矩形的宽为型材封边或边肋的截面尺寸（65mm），梁侧模板的高度在平面图中无法看出，但可在其标注中体现（400mm）。

3）梁底支撑头（200 BP 220）用矩形＋矩形中部的圆孔表示，矩形在梁长度方向的尺寸为支撑头的宽（200mm），矩形在梁宽度方向的尺寸为支撑头的长（220mm，梁宽200mm往两侧各突10mm），中间圆孔的位置为钢支撑的位置，直径大小按型材定，一般不予标注。

4）梁底阴角模板（1015 SN 500）为水平阴角，在水平面上的投影为矩形，矩形的长为梁底阴角模板的长（500mm），矩形的宽为梁底阴角模板水平截面的尺寸（100mm），梁底阴角模板竖直截面的尺寸无法在平面图上看出，只能在其标注中体现（150mm）。

5）梁侧阴角模板（1515 IC 250）的表达方式与墙柱阴角模板相似，由两个矩形相交得到的六边形表示，两个矩形的长分别表示阴角的两个方向的截面尺寸长度（150mm×150mm），矩形的宽表示型材封边或边肋的截面尺寸（65mm），梁侧阴角模板的高度在平面上无法看出，但可在其标注中体现（250mm），见图3-41。

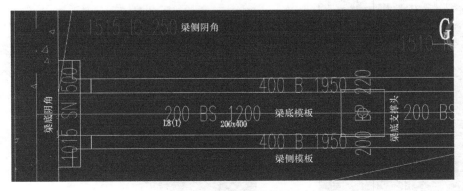

图3-41　梁侧阴角模板拼装图（部分）

（2）梁板拼装图示例

下面我们通过某外侧梁及某T形交叉梁实例，将梁板拼装图、软件三维模型、梁板实体拼装图三者进行对比,以加深对梁板系统拼装图的理解,见图3-42~图3-44。

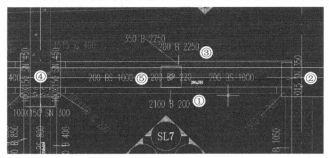

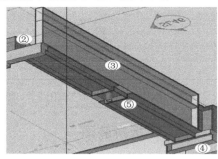

图3-42 某外侧梁梁板拼装图　　　　　图3-43 某外侧梁梁板拼装图

图3-44 某外侧梁梁板实体拼装图

值得注意的是,上例中的三维模型和实体拼装图,外侧梁的两块侧板(350 B 2250 与200 B 2250)上下位置装反了。在三维模型中,350 B 2250 的侧板放在下方,接缝处混凝土侧压力更小,是合理的,见图3-45~图3-47。

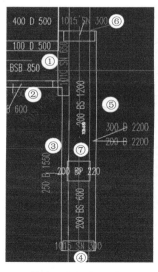

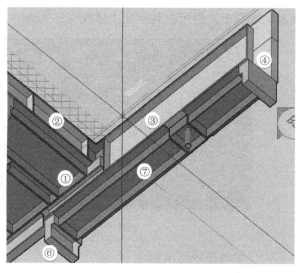

图3-45 某交叉梁梁板拼装图(部分)　　　　图3-46 某交叉梁梁板三维模型图

图 3-47 某交叉梁梁板实体拼装图

温馨提示：扫描下方二维码，可观看梁板实体拼装识图小视频。

3.3 梁板实体拼装识图 2#A39　　　　　　　3.4 梁实体拼装识图 2#B37

3.2.5 楼面拼装图

（1）楼面拼装图识图

楼面拼装图中表达的内容通常有楼板模板、楼板早拆头、双斜龙骨、单斜龙骨、楼板阴角模板、楼板易拆阴角模板、楼板转角阴角模板、楼板转角易拆阴角模板等。

1）楼板模板（400 D 1200）在平面上的投影为楼板模板的光面，通常为矩形。矩形的长为楼板模板的长度（1200mm），矩形的宽为楼板模板的宽度（400mm）。

2）楼板早拆头（DP）在平面拼装图上的表达方法与梁底支撑头类似：矩形＋矩形中部的圆孔，矩形的长为早拆头光面的长度（通常为 200mm），矩形的宽为早拆头的截面尺寸（通常为 100mm），中间圆孔的位置为钢支撑的位置，直径大小按型材定，一般不予标注。

3）双斜龙骨（MB 1000）与单斜龙骨（EB 600）在平面图上均用矩形表示，矩形的长为龙骨光面的长度（1000mm、600mm），矩形的宽为龙骨的截面尺寸（100mm）。

4）楼板阴角模板（1015 SN 1500）、楼板易拆阴角模板（1015 SNAL 200）在平面上的投影为矩形，矩形的长为阴角模板在水平面投影的长度（1500mm、200mm），矩形的宽为楼板阴角模板水平截面的尺寸（100mm），楼板阴角模板竖直截面的尺寸无法在平面图上看出，只能在其标注中体现（150mm）。

5）楼板转角阴角模板（1015 SC 400＋400）、楼板转角易拆阴角模板（1015 SC 400＋400V）由两个矩形相交形成的六边形表示，矩形的长分别代表两个转角的阴角的长度（400mm），矩形的宽为阴角在水平截面上的尺寸（100mm），楼板转角阴角模板竖直截面的尺寸无法在平面图上看出，但可在其标注中体现（150mm），见图 3-48。

（2）楼面拼装图示例

下面我们通过某大型楼板及某大沉降楼面的实例，将楼面拼装图、软件三维模型、楼面模板实体拼装图三者进行对比，以加深对楼面拼装图的理解，见图 3-49～图 3-54。

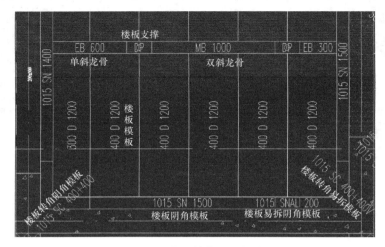

图 3-48　楼板拼装图（部分）

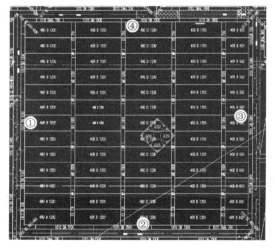

图 3-49　某大型楼面拼装图

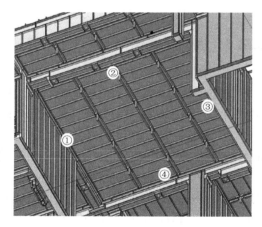

图 3-50　某大型楼面模板三维模型

图 3-51　大型楼面模板实体拼装图

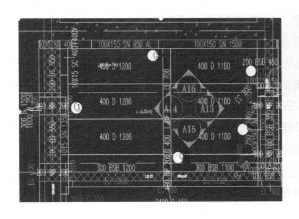

图 3-52 某大沉降楼面拼装图

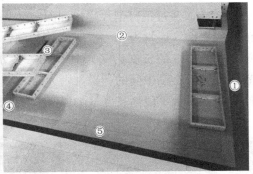

图 3-53 某大沉降楼面模板三维模型

图 3-54 某大沉降楼面模板实体拼装图

温馨提示：扫描下方二维码，可观看楼面实体拼装识图小视频。

3.5 楼面实体拼装识图 2♯B2   3.6 大沉降楼面实体拼装识图 2♯B32

3.2.6 吊模拼装图

（1）楼面拼装图识图

吊模拼装图中表达的内容通常有：吊模模板、吊模方通、吊模阴角模板、吊模端封铝板、吊模加固铁件等。

1）吊模模板（150 UB 1400）在平面上的投影为矩形，与梁侧板类似，矩形的长度为吊模模板的长（1400mm），矩形的宽度为型材封边或边肋的截面尺寸（65mm），吊模模板的高无法在平面拼装图上看出，只能在其标注中体现（150mm）。

2）吊模方通（50 RS 2600 BU-18）在平面上的投影为矩形，矩形的长为吊模方通的长度（2600mm），矩形的宽为方管钢的宽度，通常依据型材而定，吊模方通的高无法在平面拼装图上看出，只能在其标注中体现（50mm）。

3）吊模阴角模板（1515 IC 200）的表达方式与梁侧阴角类似，是由两个矩形相交得到的六边形，两个矩形的长分别为竖向阴角的两个方向的截面尺寸（150mm×150mm），矩形的宽为型材封边或边肋的截面尺寸（65mm），吊模阴角模板的长度同样无法在平面图上看出，但会在标注中体现（200mm，即高度）。

4）吊模端封铝板（150 PL 380）在平面拼装图上用矩形线框表示，矩形的长度即为铝板的长度（380mm），矩形的宽为型材封边或边肋的截面尺寸（65mm），但吊模端封铝板在与剪力墙相连接时，实际上应为一块厚度为6～8mm的铝板，铝板端头开孔，与吊模模板进行连接，不宜使用普通的矩形板模板，以免碰撞剪力墙端伸出的钢筋。

5）吊模加固铁件分为普通直铁件（EA 330）和Z形加固铁件（EAZ 330＋100＋935），直铁件在平面上的投影为矩形，矩形的长即为直铁件的长度（330mm，即65＋65＋200mm，通过销钉销片连接和固定梁两侧的侧板），矩形的宽则为铁件型材在水平面上的投影宽度（通常为63mm）；Z形加固铁件由两个矩形框相接而成，呈现一个"日"字，第一个矩形框的长度为Z形铁件第一段水平段的长度（330mm）；两个矩形框相连的位置，即"日"字中间的一横，则为第二段垂直段的长度（100mm），后一个矩形框的长度则为第三段水平段的长度（935mm），见图3-55。

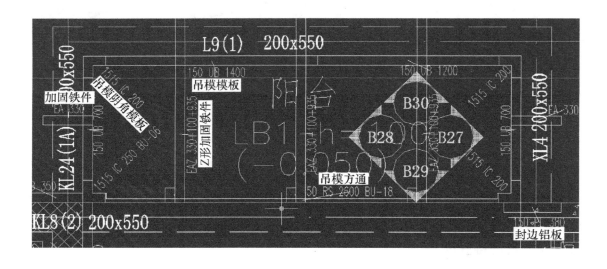

图 3-55　吊模拼装图

（2）吊模拼装图示例

下面我们通过某沉降350mm的楼面吊模实例，将吊模拼装图、软件三维模型、吊模实体拼装图三者进行对比，以加深对吊模拼装图的理解，见图3-56～图3-58。

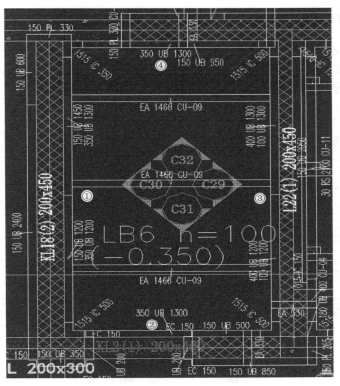

图 3-56　某沉降部位吊模拼装图

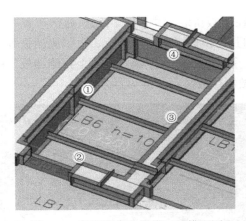

图 3-57　某沉降部位吊模三维模型图

图 3-58　某沉降部位吊模实体拼装图

温馨提示：扫描下方二维码，可观看吊模实体拼装识图小视频。

3.7　吊模实体拼装识图 2♯B18

3.8　吊模实体拼装识图 2♯C30

3.2.7 节点拼装图

（1）节点拼装图识图

1）外墙下部节点（如下飘板），通常会在墙板拼装图相应的位置外侧专门腾出一个空间，分别进行下飘底板以及下飘盖板的平面拼装图布置，见图 3-59。

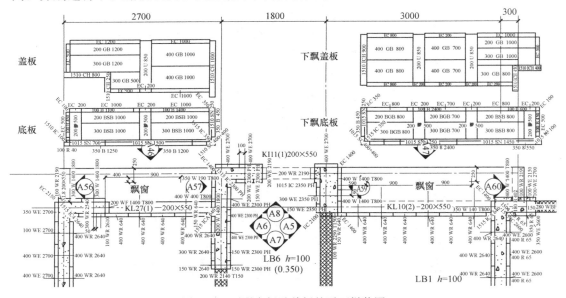

图 3-59 下飘底板及盖板的平面拼装图

2）外墙上部节点（如上飘板）则直接体现在梁板拼装图中，上飘底板通常布置在平面深化底图中相应位置，而上飘板除底板以外的其他模板（如上飘盖板、上飘侧挡板等），通常会在梁板拼装图相应位置的外侧专门腾出一个空间，进行上飘盖板、上飘侧挡板等的平面拼装图布置（图 3-60 中上飘未做盖板，仅做侧挡板）。

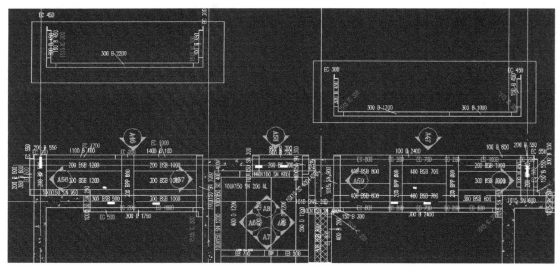

图 3-60 上飘盖板、上飘侧挡板等的平面拼装图

3）节点拼装图表达的内容除了梁板系统的各相关模板外，还有：节点位置盖板、节点位置盖板飞机板、节点位置倒置 C 槽、盖板支撑、阳角模板、多顶支撑等。

4）节点位置盖板（400 GB 1000）在平面上的投影为矩形，矩形的长为盖板模板的长度（1000mm），矩形的宽为盖板模板的宽度（400mm）。

5）节点位置倒置 C 槽（1510 ICH 800）在平面上的投影为矩形，矩形的长为 C 槽的长度（800mm）。

6）盖板支撑（200 U 850）是用来立上飘底板支撑头下的钢支撑的盖板，在平面上的投影为矩形，矩形的长为盖板支撑的长度（850mm），矩形的宽为盖板支撑的宽度（200mm）。

7）阳角模板（EC 1000）在平面图上的投影为矩形，矩形长（1000mm）为阳角模板的长度，矩形宽为型材端封或边肋的截面尺寸（65mm），见图 3-61。

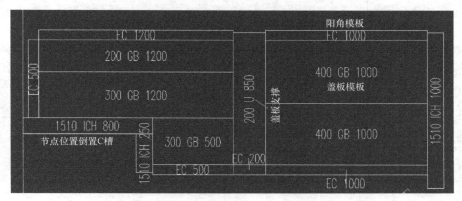

图 3-61　节点拼装图：盖板

8）双顶支撑（200 BPP 800）用矩形＋矩形内的两个圆孔表示，矩形长度（800mm）代表支撑头的长度，矩形宽度（200mm）代表支撑头的宽度，圆孔的位置为钢支撑的位置，直径大小按型材定，一般不予标注，见图 3-62。

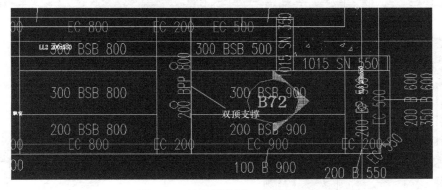

图 3-62　节点拼装图：双顶支撑

（2）节点拼装图示例

下面我们通过某飘窗节点实例，将节点拼装图、软件三维模型、节点铝模实体拼装图三者进行对比，以加深对节点拼装图的理解，见图 3-63～图 3-66。

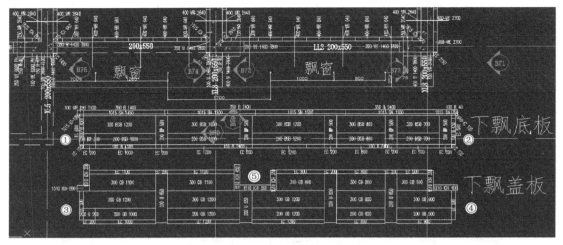

图 3-63　某飘窗节点拼装图 1

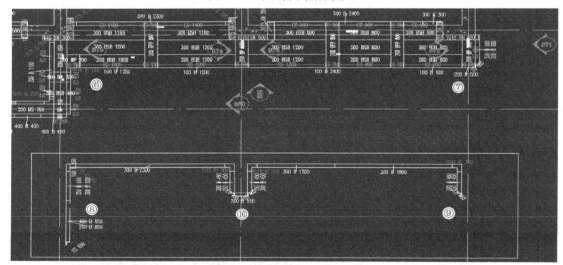

图 3-64　某飘窗节点拼装图 2

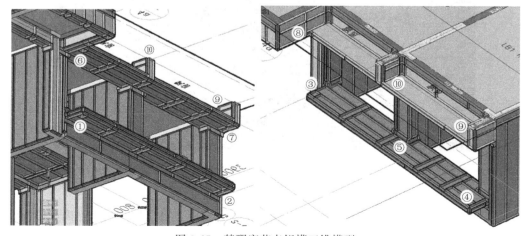

图 3-65　某飘窗节点铝模三维模型

图 3-66　某飘窗节点铝模实体拼装图

温馨提示：扫描下方二维码，可观看节点实体拼装识图小视频。

3.9　节点实体拼装识图 2♯B61 　　　　　3.10　节点实体拼装识图 2♯C43

3.2.8　楼梯拼装图

（1）楼梯拼装图识图

楼梯拼装图分为楼梯平面图（带剖切面符号）、楼梯间板配模图（平面）、楼梯间梁配模图（平面）、楼梯各剖面配模图，见图 3-67。

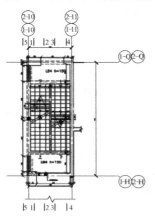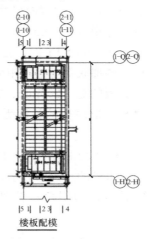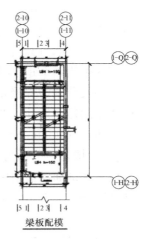

楼板配模　　　　　　　　　　梁板配模

图 3-67　楼梯拼装图（一）

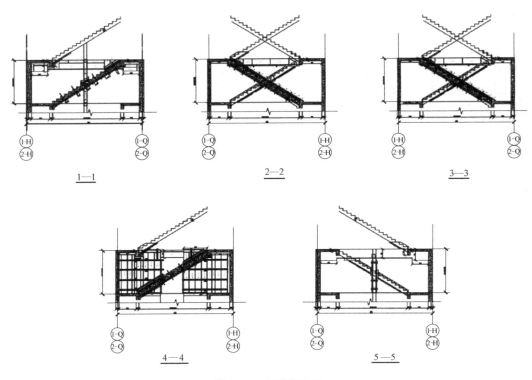

图 3-67 楼梯拼装图（二）

楼梯间板、梁配模图与楼板拼装图、梁板拼装图类似，不再赘述。这里主要介绍楼梯的剖面配模图。

楼梯剖面配模图中包含的内容主要由：楼梯底板、楼梯异形底板、楼梯转角阴角模板、楼梯支撑头、楼梯狗牙板、楼梯踏步、楼梯侧挡板、楼梯异形墙板、楼梯异形梁侧板等。

1）楼梯底板（400 D 1000）在剖切后得到的是一个矩形，矩形的长为楼梯底板的宽度（400mm），矩形的宽为型材封边或边肋的截面尺寸（65mm），楼梯底板的长度无法在该剖面图上看出，但可在其标注中体现（1000mm）。

2）楼梯异形底板（200＋276 D 1000 ST1-24）是楼梯与梁相连接处布置的底板，在剖面图中为两个矩形以一定角度（楼梯底部与梁侧相交的角度）相交得到的六边形，两个矩形的长分别为焊接相交的两块底板的宽（200mm、276mm），两个矩形的宽为型材封边或边肋的截面尺寸（65mm），楼梯异形底板的长度无法在该剖面图上看出，但可在其标注中体现（1000mm）。

3）楼梯转角阴角模板（1410 SC 200＋676 ST1-41）是连接楼梯与两根梁的转角阴角模板，在剖面图上由两个矩形相交得到的六边形表示，两个矩形的长分别为两段阴角的长度（200mm、676mm），两个矩形的宽为阴角在该剖切面上的投影尺寸（截面尺寸为100mm）。

4）楼梯间异形梁侧板（330 B 549 ST1-47）在该剖面上的投影即为该梁侧板光面的轮廓（直角梯形）。楼梯间异形墙板与其类似，不再赘述。见图3-68。

需要指出的是，以上各异形模板标注的后缀为各异型模板的编号，下同。

5）楼梯狗牙板（CH 1223.5 ST1-42）是上端与异形墙板或异形梁侧板相连、下端与楼梯踏步模板相连的模板，在剖面图中，用在该投影面相应的投影图形表示，该图形最左下角的点与最右上角的点之间的距离为 1223.5mm，狗牙板每个小单元中的孔位位置表示在该处与楼梯踏步模板进行连接。

图 3-68 楼梯剖面配模图 1（部分）

6）楼梯支撑头（140 CPPP 2000 ST1-39）在该剖切面上用一个倾斜的矩形及三个小的直角梯形组合表示，倾斜的矩形的长（2000mm）为支撑的长度，矩形的宽为型材封边或边肋的截面尺寸（65mm），支撑的宽（140mm）无法在该剖面拼装图上看出，但可在其标注中体现。三个小的直角梯形的位置代表竖直向下的三根钢支撑所在的位置。见图 3-69。

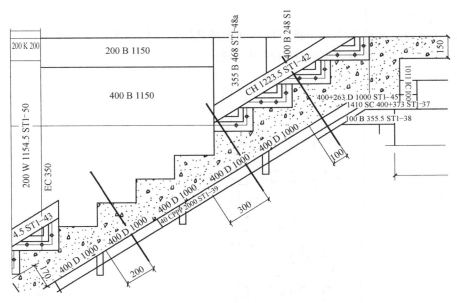

图 3-69 楼梯剖面配模图 2（部分）

7）楼梯异形侧板（CF 1600 ST1-33）在剖面图上的投影即为该侧板的轮廓模型，呈现直角梯形的形状，直角梯形的下底部长为 1600mm，通过阳角模板与楼梯支撑头进行连接，楼梯异形侧板的上部开背孔与楼梯踏步模板相连。

8）楼梯踏步模板（161＋325 TB 1240 ST1-27b）通常与楼梯狗牙板（楼梯与墙、梁相连时）或楼梯异形侧板（楼梯端部悬空时，如剪刀梯相交处）相连。另外，楼梯背楞通过压在楼梯踏步模板上与楼梯底板下，通过对拉螺杆进行穿墙对拉，从而达到加固的目的。在剖面图中，楼梯踏步模板用在该投影面相应的投影图形表示。踏步在竖直方向的截面尺寸为 161mm，水平方向的截面尺寸为 325mm。该楼梯踏步模板长度无法在该剖面拼装图上看出，但可在其标注中体现（1240mm），见图 3-70。

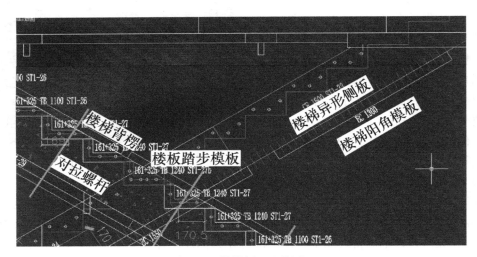

图 3-70　楼梯剖面配模图 3

（2）楼梯拼装图示例

下面我们通过某楼梯实例，将楼梯各剖面拼装图、楼梯铝模实体拼装图进行对比，以加深对楼梯拼装图的理解，见图 3-71～图 3-78。

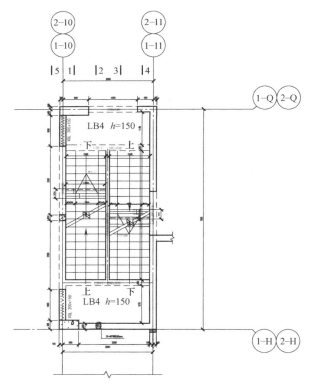

图 3-71　某楼梯平面图（含剖切面符号）

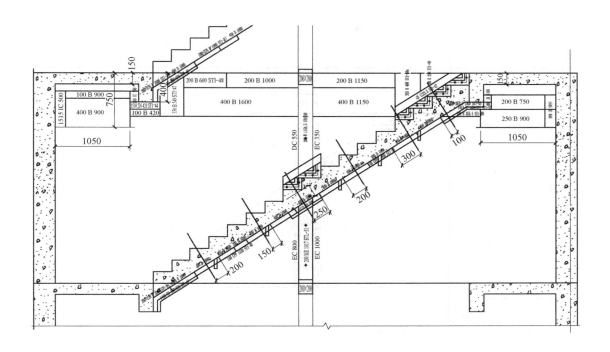

图 3-72　某楼梯 1-1 剖面拼装图

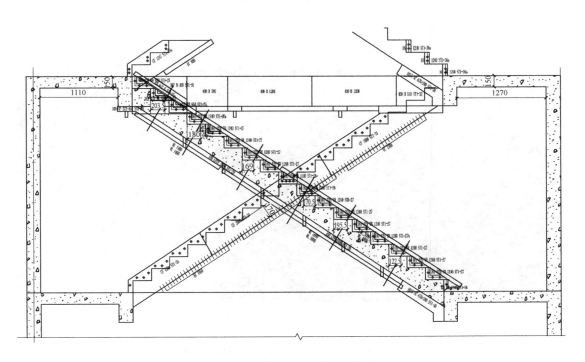

图 3-73　某楼梯 2-2 剖面拼装图

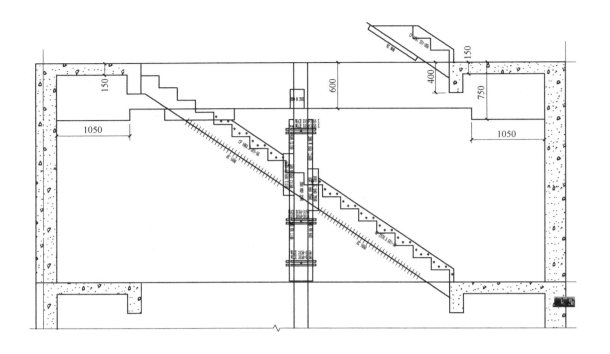

图 3-74 某楼梯 5-5 剖面拼装图

图 3-75 某楼梯铝模 1-1、2-2、5-5 剖面实体拼装图

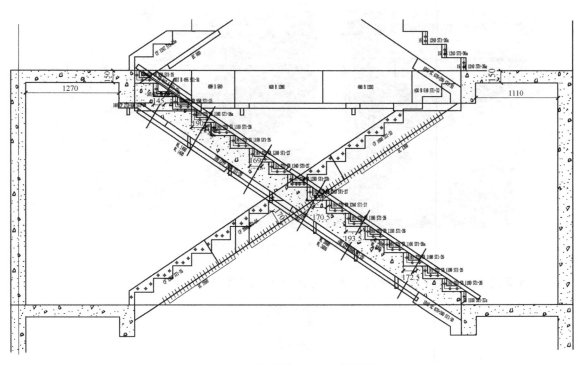

图 3-76 某楼梯 3-3 剖面拼装图

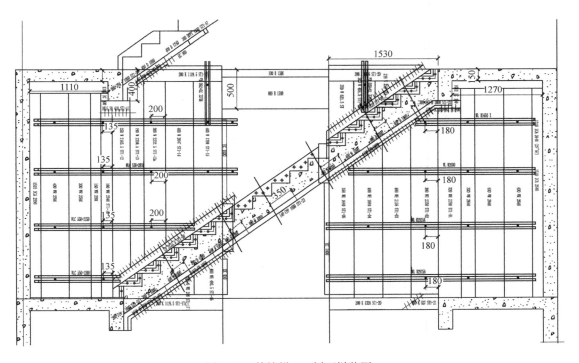

图 3-77 某楼梯 4-4 剖面拼装图

图 3-78　某楼梯 3-3、4-4 剖面铝模实体拼装图

温馨提示：扫描下方二维码，可观看楼梯实体拼装识图小视频。

3.11　楼梯实体拼装识图 2♯

第 4 章 工厂预拼装与免预拼

掌握工厂预拼装的作用、流程、安装及验收要点。

掌握解铝模板预拼装分区编码的流程、规则。

掌握编码后拆模、分区打包的原则、注意事项及打包、运输的控制要点以及模预拼技术要点。

4.1 工厂预拼装及验收

4.1.1 预拼装的作用

铝模板的安装通常分为工厂预拼装与施工现场安装两个阶段，其中，预拼装阶段主要是为了及早发现铝模板设计以及铝模板生产两个阶段的错漏之处，并及时整改，预拼装验收合格，能确保铝模板在运至施工现场时，铝模板清单准确，没有错漏；预拼施工人员可通过对照铝模拼装图与构件分区编号示意图完成预拼装，预拼装完成后，按分区对铝模板进行编号，拆除并打包，确保铝模板有序地运送至现场相应部位，避免现场混乱。

4.1.2 预拼前的准备

铝模板设计员下发项目生产物料清单，排产员接收项目生产物料清单，并下发至仓库平库。仓库接收项目生产物料清单后，生产平库清单交给排产员。排产员根据物料清单排产，生产排产单（一式三份）发到生产班组对铝合金模板进行备料、切割、冲孔、焊接，根据合同要求进行喷涂，然后移交给拼装班组进行预拼装，见图 4-1。

温馨提示：扫描下方二维码，可观看铝模厂加工小视频。

4.1　铝模厂加工全览　　　　　　　　　　4.2　铝模厂模板打孔

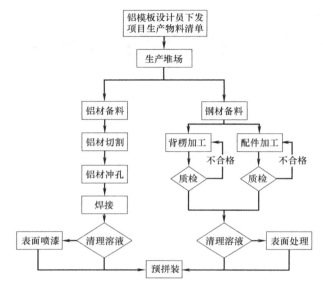

图 4-1　预拼装前准备流程图

4.1.3　预拼总流程

预拼装及编码约需要 7 天，试拼装开始 3 天后，总包组织班组到现场学习拼装并进行抄码工作，水电班组到现场进行水电点位标注，为更快更好做好首层拼装作准备。试拼装完成后，总包组织项目部、区域工程技术部、监理、劳务到现场进行试拼装验收并在此对模板质量进行抽检验收，验收合格后即可按分区进行编号、拆模、打包、运输进场（5天）；若验收不合格，铝模单位 3 天内就验收提出问题进行整改。整改造成的工期延误按照合同约定履行处罚措施。整改完成后约 3 天内打包到现场验收，见图 4-2。

4.1.4　预拼安装

（1）预拼安装原则

1）预拼安装顺序和工地现场模板安装基本相同，先安装墙柱模板，后安装梁板及顶板模板，最后做外围线条及模板加固。

2）所有模板都是从角部开始安装，这样可使模板保持侧向稳定。

3）所有横向拼接的竖向模板端部插销必须钉上，并且是从上而下插入，在预拼时就养成良好的习惯，避免在工地现场拼装时因振捣混凝土而被震落。如墙板与接高板、墙板与 K 板、梁侧模板与顶角 C 槽等，见图 4-3。

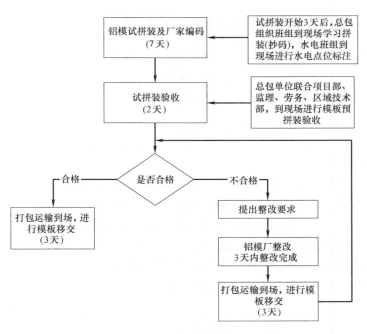

图 4-2　预拼总流程

（2）预拼墙模

1）内墙模板安装时从阴角处（墙角）开始，按模板编号顺序向两边延伸，为防模板倒落，可加以临时的固定斜撑（用木方、钢管等）。

2）为了拆除方便，墙模与墙柱阴角模板连接时，销钉的头部应尽可能地在墙柱阴角模板内部，见图 4-4。

图 4-3　预拼模板销钉安装示意图

图 4-4　预拼墙板销钉连接示意图

3）每面墙模板在封闭前，一定要调整两侧模板，使其垂直竖立在控制线位上，才能保证下一工序的顺利进行。

温馨提示：扫描下方二维码，可观看墙柱模板安装小视频。

4.3　墙柱放线定位　　　　4.4　墙板对拉打孔　　　　4.5　墙柱模板、K板安装

（3）预拼梁模

1）先将梁底模板在楼面进行预拼装，将梁底模板连接成整体。在楼板面上把已清理干净的梁底板、早拆头、梁底阴角模板按正确的位置用插销钉好。

2）装梁底板时须2人协同作业，一端一人托住梁底的两端，站在操作平台上，按规定的位置用插销把梁底阴角模板与墙板连接。如梁底过长，除两人装梁底外，另有一人安装梁底支撑，以免梁底模板超重下沉，使模板早拆头变形和影响作业安全。

3）用支撑把梁底调平后，可安装梁侧模板。

温馨提示：扫描下方二维码，可观看梁板安装小视频。

4.6　梁底模板安装　　　　4.7　梁侧板安装　　　　4.8　外侧梁安装

（4）预拼楼面模板

1）安装完和墙、梁顶部相连的楼面阴角模板后，安装楼面龙骨，然后安装顶板，依次拼装，直至铝模全部拼装完成。楼面龙骨早拆头下的支撑杆应垂直，无松动。

2）每间房的顶板安装完成后，须调整支撑杆到适当位置，以使板面平整。

温馨提示：扫描下方二维码，可观看楼面板安装小视频。

4.9　楼板地面预装　　　　4.10　楼面板C槽安装　　　　4.11　楼面板安装

（5）预拼安装与工地现场安装的区别

1）拼装不需要绑扎钢筋与浇筑混凝土，但仍需找平和测量定位，以确保误差在可控范围内。模板安装允许偏差如表4-1所示。

模板安装误差允许范围 表 4-1

序号		项目		允许偏差（mm）	检查方法
1		轴线移位		4	尺量
2		截面尺寸		±4	尺量
3		标高		±5	尺量、水准仪
4		相邻板面高低差		2	尺量
5	垂直度	内墙、柱		5	尺量、经纬仪
		外墙、柱		8	
6		平整度		3	尺量、塞尺
7	阴阳角	方正		3	方尺、尺量、塞尺
		顺直			
8	预留洞口	中心线置移		8	拉线、尺量
		孔洞尺寸		±8	
9		预埋件、管、螺栓		3	拉线、尺量
10	门窗洞口	中心线置移		8	拉线、尺量
		高宽		6	
		对角线		8	

2）封闭模板之前，预拼时不需要在墙模连接件上预先外套PVC管，只有在工地现场安装时需要。

3）模板的销钉、销片在预拼时不需要打太多，能保证模板连接可靠、位置准确即可。

4）因为K板需要两套，预拼时，K板的两套直接叠在一起安装，以检查K板尺寸和数量是否准确，见图4-5。

预拼时两套K板叠放安装即可

图 4-5　K 板预拼装实物图

温馨提示：扫描下方二维码，可观看节点、楼梯、吊模安装小视频及预拼装整体效果小视频。

4.12　飘板地面预装

4.13　外窗企口安装

4.14　楼梯踏步板安装

4.15　吊模画第五道背楞对拉孔

4.16　预拼装整体效果概览

4.1.5 预拼装验收

预拼时，铝模厂应先进行自验收，自验收合格后，联系总包单位联合项目部、监理、劳务、区域技术部，准备结构平面图到现场按表4-2进行模板预拼装验收，对清单中各项进行逐一销项。验收不通过以及需要整改的部位于图纸中标注出来，根据图纸和销项清单向铝模厂提出整改要求。提出整改5~7天后必须整改完成，然后根据清单进行二次销项。原则上主控项销项率必须达到100%，否则验收不予通过。

表4-2为碧桂园铝合金模板应用标准中的预拼装验收销项清单。

预拼装验收销项清单 表 4-2

项目名称：

序号	验收分类	验收项目	检查内容	性质	问题数量统计	整改后问题统计
1	墙柱	深化设计	核对截面尺寸(与深化底图一致)	主控项		
2			模板间有冲突现象	主控项		
3			模板安装拆模是否存在难拆、难安装	一般项		
4		对拉螺栓孔	无错位,横向方向对拉螺杆间距≤800mm,螺杆距离阴角模板及离墙端距离≤600mm,对拉孔不错位、不缺孔	主控项		
5		阳角处角铝	墙端板阳角角铝螺栓连接无遗漏(距端部≤100mm,螺栓间距不大于300mm)	一般项		
6		R 板	100mm 宽墙板与底角 R 板 1 个螺栓连接,>100mm 宽墙板与底角 R 板至少有 2 个螺栓连接	一般项		
7		K 板	K 板配 2 套(包括外墙、电梯井、楼梯间、吊模、飘窗)	主控项		
8			K 板配模与深化底图一致	主控项		
9	梁	深化设计	下挂高度、长度(与深化底图一致)	主控项		
10			下挂梁与结构梁齐平方向是否正确(与深化底图一致)	主控项		
11			是否深化到位,是否存在尚未优化的节点(离墙 700mm 直接拉通,主次梁间相差 50mm 优化为梁底齐平,门洞间距小于 700mm 的下挂梁直接拉通)	主控项		
12			梁高≥600mm,按竖向配模,加设 1 道横向背楞	主控项		
13			梁高≥950mm,按竖向配模,加设 2 道横向背楞	主控项		
14			反梁>200mm 须加螺杆,反梁须使用"L"角铁或角铝加固(L 型角铁固定方式参照沉箱吊模固定方式)	主控项		
15			梁的竖向支撑间距≤1.2m,宽度>350mm 的梁立两排竖向支撑	主控项		
16		梁底板	对于 100mm,200mm,250mm 的梁,梁底板优先使用一体成型的模板(俗称飞机板)	一般项		
17			梁底板、角铝之间用螺钉连接,间距不大于 300mm。每块角铝安装不少于两个	一般项		

续表

序号	验收分类	验收项目	检查内容	性质	问题数量统计	整改后问题统计
18	楼面	深化设计	排版配模与配模图一致	主控项		
19			不存在多块小板拼接代替标准板	主控项		
20		易拆装置	工作面≤600mm小空间部位采用易拆系统	主控项		
21	反坎沉箱吊模	深化设计	尺寸及定位与深化底图一致	主控项		
22			加固合理,有无与墙板干涉(第一道钢背楞是否与坎台冲突)	主控项		
23			是否设置缺口梁	主控项		
24			反坎吊模采用角铁或角铝加固,角部易变形处采用三角形稳定固定件(详见标准节点图)	主控项		
25			加固用角钢平直,无变形扭曲	主控项		
26			是否配置对撑	主控项		
27		15cm吊模	15cm以下吊模不配对撑,按照标准节点图使用角铁或角铝加固	主控项		
28	楼梯	深化设计	结构尺寸定位与深化底图一致,特别注意楼梯起步方向	主控项		
29			有无上三跑设计	主控项		
30		背楞设计	梯板竖向支撑支撑间距不大于1.2m,抗浮背楞不少于1道,地板背楞不少于一道,背楞孔距≤1m	主控项		
31		透气孔	每个踏步设置不少于两个排气孔	主控项		
32		振捣孔	每三步设置一个振捣孔	一般项		
33	飘窗板	结构尺寸	尺寸定位与深化底图一致	主控项		
34			满足项目安装要求,设计采用易拆系统	主控项		
35		加固设计	下飘板有抗浮设计,居中设置一道抗浮背楞。且螺杆间距≤800mm	主控项		
36			飘窗矮墙高度$H≤850$设置一道横向背楞,$850mm<H≤1450mm$设置两道横向背楞,第一道螺杆高度250mm(特殊情况除外)	主控项		
37			飘窗板配4套竖向支撑	一般项		
38	企口板、滴水线、压板条、水管槽	型号、尺寸	与安装图纸一致,尺寸正确,安装位置无误	主控项		
39			滴水线有无遗漏。离饰面层2cm断开	主控项		
40			滴水线拼接顺直	主控项		
41			非一次冲压成形的企口板、压槽板用2排M8螺栓,螺栓间距400mm,梅花形布置	主控项		
42		其他	滴水线、压槽板、企口板与模板接触面无空隙(螺母拧紧无松动)	主控项		

序号	验收分类	验收项目	检查内容	性质	问题数量统计	整改后问题统计
43	竖向支撑		是否对称设置	主控项		
44			竖向支撑离墙间距≤750mm,竖向支撑间距≤1200mm	主控项		
45			竖向支撑配3套,悬挑部位配4套支撑	一般项		
46	楞		≤3.5m的墙体钢背楞不应断开	主控项		
47			异形墙体是否设置定形异形钢背楞	主控项		
48			背楞端部必须压入墙柱C槽20mm	主控项		
49			背楞是否全数挂齐	一般项		
50			阴角转角处背楞是否定形钢背楞	主控项		
51			阳角转角处背楞是否设置成定形钢背楞或用阳角锁连通加固	主控项		
52			是否配置竖向背楞	主控项		
53			上下背楞卡码是否错位800mm以上搭接	主控项		
54			卡码规格符合或大于400×140×5	一般项		
55			卡码是否由两个以上丝扣固定	主控项		
56	斜撑		斜撑离墙端间距≤600mm,斜撑间距≤1.6m	主控项		
57			斜撑是否按支撑图纸支设在竖向背楞上	主控项		
58	模板验收		预拼装验收现场根据"铝合金模板成品质量标准"对模板进行抽样检查	主控项		
59	其他	放线孔泵送孔烟道口悬挑槽钢位置	位置,尺寸与深化底图一致	主控项		
60		传料口	位置,尺寸与深化底图一致,每户至少一个	主控项		
61		编码	是否按要求编码。无错误、无遗漏,字迹工整	主控项		
62		现场要求	支撑体系(竖向支撑、横向背楞、竖向背楞、斜撑)全数挂起	主控项		
是否通过验收						
验收会签栏		项目部签名: 总包方签名: 日期:				

表4-3为万科某项目施工方案中的铝合金模板工程预拼装检查验收表,供参考。

铝合金模板工程预拼装检查验收表 表 4-3

序号	阶段	验收分项	序号	控制要点(验收内容)	原因描述	符合性
1	验收准备	铝模深化设计成果确认	1	根据建筑和结构(墙、柱、梁、板)施工图,出具的铝模方案图的审核确认	铝模方案图是图纸各要素的汇总,是铝模设计和生产的主要依据,所以在设计前应进行书面确认	
			2	按铝合金模板节点加工技术要求完成的节点深化设计审核确认		
		节点符合性	1	外门窗企口及固定	1. 优化细部做法,有益于提高工序施工质量; 2. 各细部节点的做法(保证措施)是否满足下道工序的施工要求,将直接影响下道工序的质量	
			2	吊模定位及抗浮措施		
			3	厨卫反坎(如一次现浇须查验)		
			4	门头板下挂		
			5	支撑与背楞		
			6	轻质隔墙(砖墙)压槽		
2	验收组织	验收依据整理	1	施工图(蓝图及电子版)	按图纸目录清单整理完成	
			2	设计变更(蓝图及电子版)	按已签发设计变更清单整理完成	
			3	经审核确认的加工深化图(铝模厂家完成)	整理完成并邮发参验人员	
		验收图表工具准备	1	铝合金模板深化方案图	准备并打印,不少于 5 份	
			2	铝合金模板预拼装验收检查表	准备并打印,不少于 5 份	
		验收实物工具准备	1	皮尺	≥50m 长,不少于 1 把	
			2	钢卷尺	≥5m 长,不少于 5 把	
			3	钢尺	≥30cm 长,不少于 3 把	
			4	靠尺	2m 长,不少于 3 把	
			5	激光测距仪	不少于 2 台	
			6	韦氏硬度仪	不少于 2 台	
		验收分工	1	对参验人员进行职责分工及交底	根据参与验收单位、部门及个人对施工图熟悉情况进行人员分工并就如何验收进行交底	
3	图纸审核	图纸及设计变更核对	1	核对使用版本、签发日期及电子版图纸、变更图层表达情况	核对图纸的准确性,避免造成返工	
4	节点验收	外墙抗裂节点	1	预留压槽收口(砖墙):10mm 厚铝板,100mm 宽;顺直,不漏点	防开裂要求	
		剪力墙与轻质墙板连接抗裂节点	1	平接预留企口收口:6mm 厚铝板,过缝 80mm 宽;顺直,不漏点	防开裂要求	
			2	丁接预留企口收口:6mm 厚铝板,过缝 80mm 宽;顺直,不漏点	防开裂要求	
		厨房、阳台、水电管井混凝土反坎、梁与轻质墙板连接抗裂节点	1	反坎上口、梁下口预留企口收口:6mm 厚铝板,过缝 80mm 宽;顺直,不漏点	防开裂要求	

序号	阶段	验收分项	序号	控制要点(验收内容)	原因描述	符合性
4	节点验收	铝合金门窗洞锚固节点	1	拉片预埋槽口收口(拉片外低内高);企口外侧预埋槽口宽30mm,长30mm,深12~18mm	防渗水要求、门窗安装要求,根据各项目情况确定	
			2	拉片预埋间距要求,距窗洞边200mm起设,其余小于400mm均分	门窗安装要求,根据各项目情况确定	
			3	预留企口(外低内高)收口:企口深10~15mm,宽根据墙宽考虑设置	保温及渗水要求,根据各项目情况确定	
		塑钢门窗洞锚固节点	1	预留企口(外低内高)收口:企口深10~15mm,宽根据墙宽考虑设置	保温及渗水要求,根据各项目情况确定	
		门过梁下挂节点	1	下挂结构同门洞墙宽(同梁宽),同梁宽可一次延伸至过梁底	降低二次施工成本	
			2	下挂结构同门洞墙宽(不同梁宽),按墙厚下挂至过梁底	降低二次施工成本	
		层间(外墙、电梯井)防漏浆、错台节点	1	设置K板(起步板)	防漏浆、防错台	
		楼梯间防漏浆、错台节点	1	设置K板(起步板)	防漏浆、防错台	
		卫生间大降板节点	1	安装方案:沉箱贴墙多配一套铝模不拆除兼作起步板,下口用角铝作封口模	防漏浆、防错台	
			2	支撑加固方案:斜撑加十字撑加固,沉箱外顶板反拉固定	保证截面尺寸及平整度,防漏浆、错台	
		窗台上口节点	1	窗台通气、振捣口设置不得少于一个	保证混凝土浇筑的密实性	
		楼梯踏步板节点	1	楼梯通气、振捣口设置:通气口每隔一步设置一个,振捣口每隔三步设置一个	1.保证混凝土浇筑的密实性;2.利于混凝土的浇筑振捣	
			2	楼梯踏步板,每步设置不小于500mm宽的瓦楞板防滑	安全防护要求(建议)	
5	结构尺寸复核验收	结构尺寸复核	1	建筑外轮廓尺寸复核	与施工图一致	
			2	总控制线复核	与施工图一致	
			3	板厚复核	与施工图一致	
			4	结构降板、降梁复核	与施工图一致	
			5	净高、净空尺寸复核	与施工图一致	
			6	墙柱、梁截面尺寸复核	与施工图一致	

续表

序号	阶段	验收分项	序号	控制要点(验收内容)	原因描述	符合性
6	支撑加固体系检查	背楞型材使用	1	背楞型材尺寸:一般钢背楞的尺寸不小于40mm×60mm×3mm	保证在混凝土浇筑过程能保证施工质量不变形	
		背楞与支撑加固的合理性	1	背楞间距:外墙采用5排背楞,下面三排对拉螺栓的间距在600mm以内(包括600mm),最上面一排对拉螺栓应在1000mm以内(包括1000mm)	加强剪力墙的加固,保证施工质量	
			2	跨门(窗)洞部位:背楞上下通长设置	保证洞口梁侧的平整度	
			3	外墙斜拉斜顶:≥1000mm起设,间距≤3000mm	剪力墙校正	
		外墙杯口套筒使用	1	外墙杯口套筒材质、型号、规格	胶管、杯头为PVC材质,须与拉杆配套使用;胶管管径$\phi32×3.2$,外径32mm,内径26mm,胶管长度允许误差±1mm;杯头外径为45/24mm,内径22mm	
7	材料及拼装质量检查	材料及拼装实体质量检查	1	材料硬度检查	≥14HW	
			2	材料(标准板)平整度、翘曲检查	≤1.0mm	
			3	两块模板之间的拼接缝隙	≤1.0mm	
			4	相邻楼面两块铝模的高低差	≤2.0mm	
			5	组装模板板面的平面度	≤2.0mm(用2m的靠尺检查)	
			6	组装模板板面的长宽尺寸	≤长度和宽度的1/1000,最大±3.0mm	
			7	组装模板两对角线长度差值	≤对角线长度的1/1000,最大≤6.0mm	
验收意见		铝合金模板厂家			验收人:　　年　月　日	
		总承包施工单位			验收人:　　年　月　日	
		业主铝模验收小组			验收人:　　年　月　日	

4.1.6 预拼装验收控制要点

（1）必须要求模板预拼装齐全，加固体系全部上挂紧固。

（2）各专业管理人员联合验收铝模有没有按深化底图生产、有无加工错误，铝模有无板块漏做；验收加固体系是否配套齐全，是否满足加固要求，如转角要求贯通，不得断开；验收铝模材质与模板体系是否满足要求，根据现场核实深化图纸是否有错误的地方以及拼装过程中是否存在难以操作的地方。

（3）要求吊模模板和加固体系在厂内预拼装完成，严禁现场后加工。

（4）核对主要部位柱、钢筋密集点的螺杆孔是否与钢筋冲突；核对水电预埋密集部位及入户电箱的螺杆孔是否被预埋管线阻挡。

（5）要求水电专业单位现场施工人员对预拼装模板进行水电定位复核、定位标记、电井提前开孔。做好铝模深化设计时水电的精确定位，水电压槽、开孔应在出厂前完成。

（6）预拼装过程中发现的问题和错误应及时处理，在厂内完成整改工作，不得延至现场后解决。

（7）预拼装完成后应按前述的编码规则在模板上进行编码，要求位置醒目，字体清晰，经核实后确保无漏编错编。

温馨提示：扫描下方二维码，可观看预拼装验收小视频。

4.17 甲方验收预拼装　　　　　4.18 预拼装验收合格边记录边按顺序拆模

4.2 铝模板预拼装分区编码

编者通过对湖南三湘和高新科技有限公司、晟通科技集团有限公司、湖南二建坤都建筑模板有限公司等分区、编码的图纸与技术文件进行对照、比较，并加以整合，总结出预拼及免预拼两种方式所适用的编码流程与规则，其中预拼编码流程与规则如本节所示，主要参考湖南三湘和高新科技有限公司的技术文件；免预拼编码流程与规则主要参考晟通科技集团有限公司的铝模施工编码图，主要在下一节进行介绍。

4.2.1 编码流程

采用预拼装的墙柱拼装完成后，正常情况下铝模厂安排 3～4 人对模板开始编码。正常情况下，编码需要 5 天完成。预拼装开始 3 天后，总包组织劳务到现场抄码及模板拼装学习，并对不规则部位进行标记。施工人员需要在平面图上标记每个构件第一块板的位置并记录好构件的序号方向，标记重点构件。

4.2.2 图纸组成及代号说明

模板编号图主要由：①总编号图，②墙柱编号图，③梁编号图，④ 楼面编号图，⑤沉箱编号图，⑥楼梯编号图组成，代码说明如表4-4所示。

模板编号说明 表 4-4

代码	Q	L	F	DY	T	CX	K	*
表示	墙	梁	房间	节点大样	楼梯	沉箱反坎	K 板	倍数

4.2.3 编制规则及示例

模板编号采用人工书写（记号笔或油漆）的方式标记在每块模板上，模板上字迹清晰，方向一致，高度一致，字迹油漆浓度均匀，油漆不流动。模板编号必须分颜色进行标记，一个分区一种颜色：A 区标识为 A 红（使用红色油漆或记号笔）、B 区标识为 B 绿（使用绿色油漆或记号笔）、C 区标识为 C 黄、D 区 标识为 D 蓝（使用蓝色油漆或记号笔）、E 区标识为 E 黑（使用黑色油漆或记号笔），见图4-6～图4-8。

（1）墙柱模板的编号

墙柱以墙柱竖向阴角为起点按顺时针方向依次编写，无竖向阴角的墙柱以左上一端墙柱端板为起点按顺时针方向依次编写。背楞编号同墙柱编号，如：墙柱模板表示：DQ2-1表示 D 区第 1 号墙柱第一块墙柱模板；K 板表示：DQ2-K1＊2 表示为 D 区第一号墙柱第一块 K 板且倍数为 2，依此类推，见图4-9～图4-11。

（2）梁模板的编号

梁模板的编号按先梁底模板后梁侧模板的顺序进行，所有梁底模板的编号按图纸的从上往下的顺序依次编写，例如：AL3-1 表示 A 区第 3 根梁第 1 块梁模板，依此类推，见图4-12～图4-14。

（3）节点的编号

节点按从左至右、从上至下的顺序编号为 DY1、DY2 等，节点 9 第一块模板编号为 DY9-1，依此类推，见图4-15、图4-16。

图4-17、图4-18 中，DY6 节点分为上下部分，编号区分上下，如：DY6 上-1 为节点 1 上部第一块模板。编号实物图见图4-19。

（4）楼面编号

所有楼面模板的编号以该房间的左上角为起点按顺时针方向依次编写。先编写楼面阴角模板，然后再编写楼面模板及楼面龙骨和支撑。楼面板的编号编写需按照从上往下，从左往右的原则进行编写。例如：EF3 表示 E 区第 3 号房，E 区第 3 号房楼面模板的编号为 EF3-1，依此类推，见图4-20、图4-21。

（5）沉降板（沉箱）的编号

按沉降板（沉箱）所在位置的房间编号，例如：CF3CX-1，表示 C 区第 3 个房间沉降板（沉箱）的第一块模板；铁件拉杆：CF3CX，表示 C 区第 3 个房间沉箱拉杆，依此类推，见图4-22、图4-23。

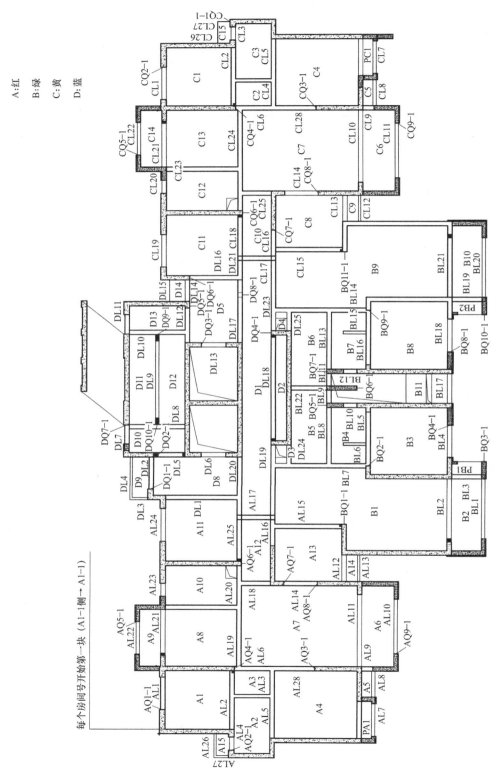

图 4-6 预拼装构件分区编号示意图

图 4-7 模板编号实物组图 1

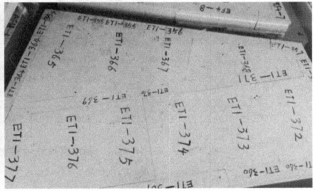

图 4-8 模板编号实物组图 2

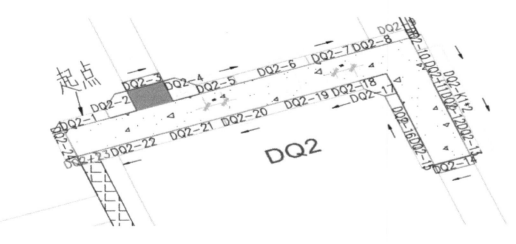

图 4-9 墙柱模板编号图（部分）

图 4-10　墙柱模板编号实物组图

图 4-11　墙柱模板编号实物图

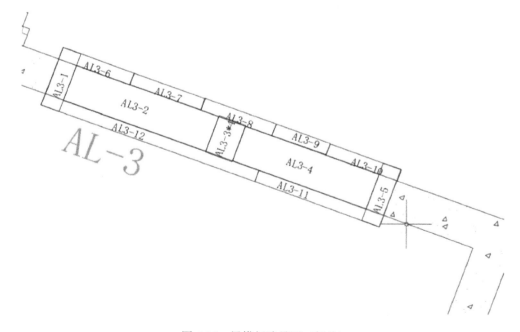

图 4-12　梁模板编号图（部分）

图 4-13　梁模板编号实物组图

图 4-14　梁模板编号实物图

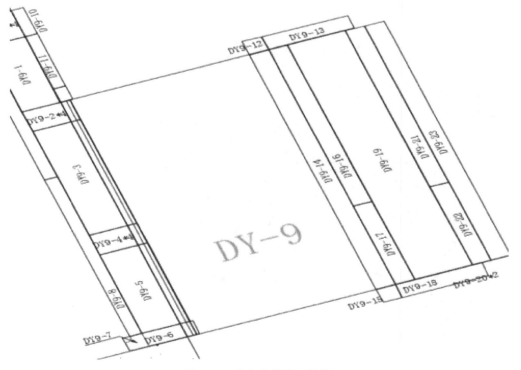

图 4-15　节点编号图（部分）

图 4-16　节点编号实物图

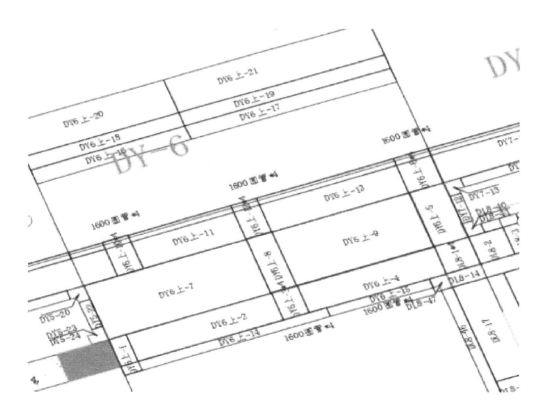

图 4-17　节点上部编号图（部分）

图 4-18 节点下部编号图（部分）

图 4-19 节点上部、下部编号实物图

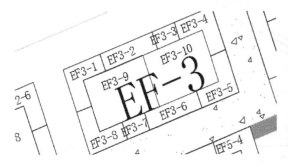

图 4-20 楼面编号图（部分）

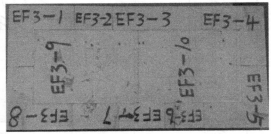

图 4-21 楼面编号实物图

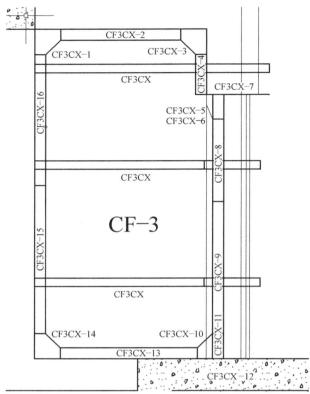

图 4-22　某沉降板（沉箱）编号图

图 4-23　沉降板（沉箱）编号实物图

（6）楼梯编号

楼梯每块模板均需进行编号，例如：ET1-244 表示为第 1 个楼梯的第 244 块模板，见图 4-24、图 4-25。

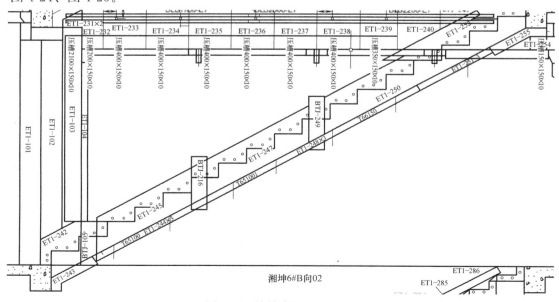

图 4-24　楼梯编号图（部分）

图 4-25　楼梯编号实物图

4.3　编码后拆模、打包、装车运输

4.3.1　拆模、打包前提条件

预拼验收合格并按分区进行编号之后，工人开始拆模、打包，没有标记或标记错误的模板（变层除外）坚决不能打包。打包过程的检查、验收由工厂派专人进行，确保本标准执行到位。

4.3.2　拆模原则

拆模的原则：从上往下拆，边拆边打包。

温馨提示：扫描下方二维码，可观看预拼拆模小视频。

4.19　预拼楼板拆除

4.20　梁底模板拆除

4.3.3　分区打包原则

（1）背楞：背楞打包按区域颜色相邻墙打包在一起，按标准托盘大小打包，打包记录清单写明此托盘背楞的墙分区编号，形成清单，依次区分。

（2）沉箱、反坎、K板：一个区会打包一起，打包记录清单写明此托盘模板的分区编号，形成模板清单，依次区分，即A户型（分区A）的K板和吊模打成一包。

（3）楼面模板：按区域颜色相邻楼面打包在一起，标准板会按统一区域颜色打包，方便找。打包记录清单写明此托盘模板的分区编号，形成模板清单，依次区分，即 A 户型（分区 A）的楼面板打成一包或多包，底笼（早拆头）、固顶（单顶支撑）和快拆锁条保持装配模式单独打成一包。

（4）梁模板：按区域颜色相邻梁打包在一起和相连的上飘打包在一起，打包记录清单写明此托盘模板的分区编号，形成模板清单，依次区分，即 A 户型（分区 A）的梁底（保持装配模式）打成一包或多包，梁侧打成一包或多包。

（5）墙模板：按区域颜色相邻墙和相连的下飘打包在一起。打包记录清单写明此托盘模板的分区编号，形成模板清单，依次区分，即 A 户型（分区 A）的每道墙打成一包或多包。

（6）楼梯模板：楼梯墙、梁、板都按以上规范进行，另踏步和踏步侧板加以打包区分，打包记录清单写明此托盘模板的分区编号，形成模板清单，依次区分。

注：如一个托盘里打包的模板除本区域模板外还包含其余区域模板，打包清单更需写明此托盘内模板的分区编号，避免出现清单不正确，工地现场找不到板的情况。

温馨提示：扫描下方二维码，可观看模板分区打包编号小视频。

4.21　模板分区打包编号

4.3.4　打包的尺寸要求

（1）墙板打包

码放宽度：1.2m、0.8～1.05m 两种规格，比例 1∶1；高度不超过 1.2m。

（2）背楞打包

1）码放宽度：1～1.15m，高度 0.40～0.48m；

2）端头＞1m 的 L 形背楞端头垂直摆放；端头≤1m 的 L 形背楞端头水平摆放；

3）包高误差控制在 2cm 以内；包一端必须平齐。

（3）楼面板打包

1）码放宽度：1.2m、0.8～1.05m 两种规格，高度不超过 1.2m；

2）规格：0.8～1.05m 的控制在 5 包以内。

（4）楼面 C 槽、梁侧板、梁底板、K 板、底笼、楼梯、单顶支撑

1）码放宽度：0.8～1.05，高度不超 1.2m；

2）整条梁底不拆散，一个户型的所有梁底打包在一起，长度超过 3m 的分成两节；梁侧散拆，一个户型的所有梁侧打包在一起。

（5）飘窗打包

码放宽度：0.8～1.05，高度不超 1.2m。

（6）吊模模板打包

1.2m 或 0.8～1.05m，高度不超过 1.2m。

（7）变化层构件

1）分层、分部位打成小包，包内放物料清单表；

2）各小包汇总叠放，打成总包或若干大包，包上应注明包内材料所属变化层数、部位。

4.3.5　打包注意事项

（1）包未满 1.2m 高时，用薄膜隔离后可码放同户型材料。

（2）包顶、底部必须平整，包一端必须齐平，严禁上下、左右一头大一头小。

（3）打包要紧实，确保包中无较大中空部分。比如 C 槽要相互咬合；带压板条和滴水线的模板也要相互配对，以免不平；楼梯墙板（斜边）可以上下拼凑成一块矩形板；拐角异形墙板可以堆叠成一体，并打包在最上面，装车时也放在最上面。

（4）每一层要叠放平整。每包首先用薄膜包裹好，模板不得裸露，缠绕膜拉力均衡无破裂，再用打包塑料袋必须拉紧打包（打包松紧度标准即用中性笔在打包带与模板交接处插不进）。

（5）长度≤2m 的包，塑料打包带纵向使用 2 根。长度＞2m 的包，塑料打包带纵向均匀使用 3 根或者 4 根。

（6）包装时每包必须编号，注明户型和部位，打包相关人员必须签字；包尺寸测量误差在 5cm 以内。

（7）1.2m 和 0.8～1.05m，包数比例 1：1，背楞和铝模板不能混打。

（8）打包有效率指数：模板总面积/打包总体积（含背楞）≥10m²/m³。

4.3.6　模板清单流程示意图

模板拆除、打包时形成模板清单文件，如图 4-26 所示。

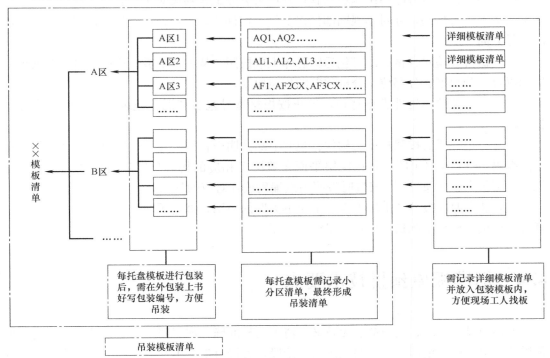

图 4-26　模板清单流程示意图

4.3.7 装车运输

装车时遵循"上轻下重，上小下大"原则，每车限重 32t，辅料和背楞均分两车装。装车时按照材料进场要求的顺序进行。具体顺序：墙柱—下飘窗—背楞—梁板—楼梯—上飘窗—K板—吊模，装车车数详细要求如表 4-5 所示。

装车要求 表 4-5

序号	模板面积（m²）	打包包数限制	装车车数标准	备注
1	800～1000	35～50	2B/2A	车型： A：长×宽×高 ＝13m×2.35m×2.7m 护栏车； B：长×宽×高 ＝13m×2.4m×3.0m 平板挂车； C：长×宽×高 ＝9.6m×2.3m×2.7m 护栏车； 长距离运输必须用护栏车
2	1000～1400	50～65	3B/3A	
3	1400～1800	65～80	3A+1C/3B+1C	
4	1800～2000	80～90	3A+1C/3B+1C	
5	2000～2400	95～105	4A+1C/4B+1C 或 5A/5B	
6	2400～2700	105～120	6A/6B	

装车原则：上轻下重，上小下大；每车限重 32 吨，辅料和背楞均分两车装

装车顺序：先将背楞包铺平车厢底，然后将大墙板放置在背楞上，剩余空间装小模板和辅料

4.3.8 打包、运输控制要点

（1）铝模预拼装拆除前组织现场管理人员及劳务工人到场对预拼装及编码完成的铝模在平面图上进行抄码，并对不规则部位以及每个构件的第一块板位置进行标记，记录构件的序号方向。

（2）试拼装验收合格后的打包运输总体上应按照"从上往下拆、边拆边打包"的拆模原则以及"分户型、分部位、分构件"的打包原则。

（3）必须按照单构件类型打包，禁止按板材型号包装和混合包装；上下飘板应分开打包。

（4）打包完成后按照户型后构件在包装上除注明内含构件外，应按照户型和构件进行吊点编码，如"A区01"，并在楼层平面布置图上相应的构件位置进行同样吊点编码标识，编制吊点平面布置图，安装时按照吊点编码放在对应的吊点处。

（5）装车时应按照"上轻下重，上小下大"的原则，进场顺序按照"墙柱—下飘窗—背楞—梁板—楼梯上飘板—K板—吊模"发车。

4.4 铝模板免预拼技术要点

如铝模设计合理、模板命名无歧义、清单完整准确、加工图正确，技术条件能达到免预拼的要求，则铝模厂可以省略预拼这一阶段，直接由工厂生产进入打包、运输环节，直达工地现场，进行模板安装施工。

4.4.1　构件分区编号示意图

构件分区编号示意图是与铝模拼装图一同由设计组出具的文件，它包括构件分区、墙柱、梁、房间等构件的编号、各墙柱构件模板总数、各房间模板总数、阴角编号开始部位及顺序等。

分区通常按户型划分，在相接的部位，需要将各墙柱、梁等构件归属到特定分区，以免产生歧义。如图 4-27、图 4-28 中，不同的分区的构件编码用不同的颜色表示，黑色代表 A 区，红色代表 B 区，绿色代表 C 区，红色代表 D 区，各墙柱、梁构件归属到相应分区。

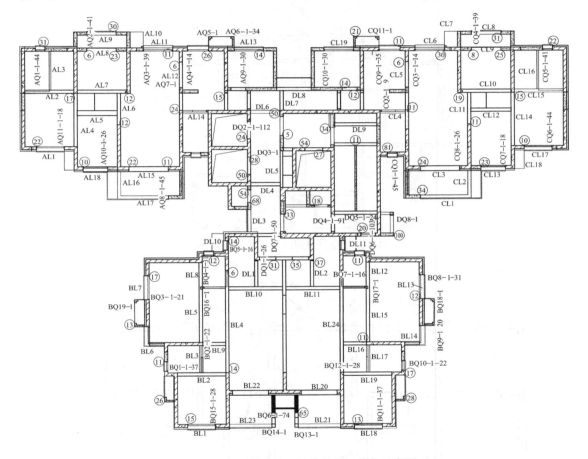

图 4-27　免预拼墙柱、梁构件分区编号示意图

墙柱、梁构件的编号通常在同一张图上，不同的构件有不同的编号，墙柱、梁构件编号没有特定的顺序，以简单、方便为主要原则，见图 4-29。

因墙柱构件体型较大、跨度较大、墙柱平面拼装图简单易懂、墙柱模板数量较多，墙柱构件编号通常会标明该墙柱构件的模板总数、该墙柱序号为"1"的模板的位置以及墙柱中间转角部位模板序号的数值（注：墙柱模板序号从第 1 块板开始沿着墙柱按顺时针旋转）；而梁构件通常只标明该梁构件的编号即可。

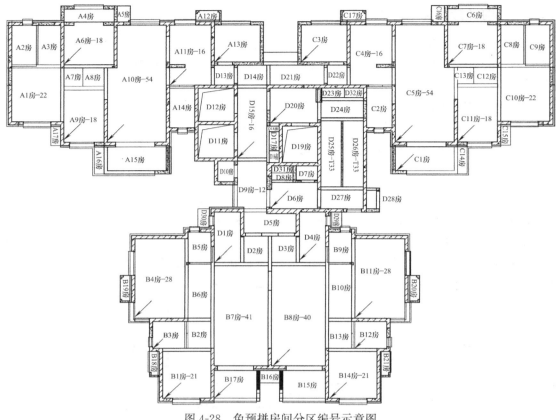

图 4-28　免预拼房间分区编号示意图

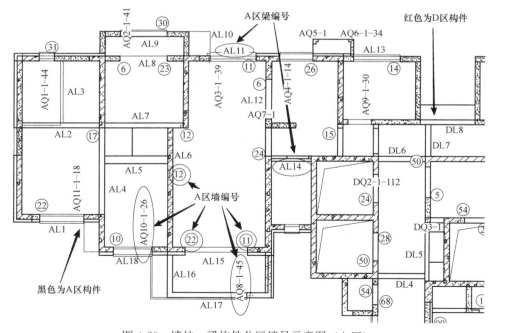

图 4-29　墙柱、梁构件分区编号示意图（A 区）

如图 4-30 中，"BQ3-1-21"表示 B 区的编号为"3"的墙柱构件，该构件共有墙柱模板数量 21 个，此处为序号为"1"的模板的位置，⑬表示该转角处的墙板为 BQ3 的序号为"13"的墙板；"BQ19-1"表示 B 区编号为"19"的墙柱构件，此处为序号为"1"的模板的位置，因该墙柱构件体型较小，不标明中间序号与墙柱模板总数；"BL7"表示分区为 B 区的编号为"7"的梁构件，该梁构件上的所有梁模板不再另行编码。

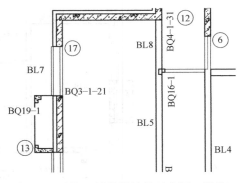

图 4-30 墙柱、梁构件编号示意图（部分）

房间的编号通常在另一张图上，不同的房间有不同的编号，房间的编号没有特定的顺序，以简单、方便为主要原则，见图 4-31。

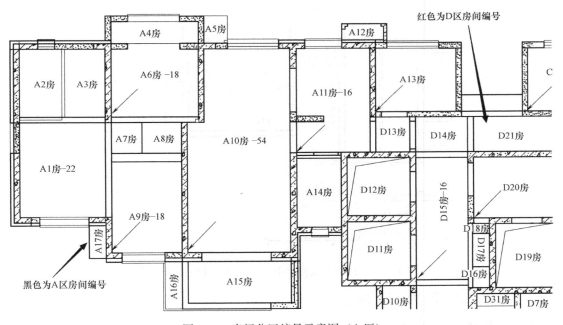

图 4-31 房间分区编号示意图（A 区）

较大房间模板较多，跨度较大，因此通常会标明该房间的编号、该房间模板总数、该房间阴角起始编码部位等（注：楼面阴角起始部位通常为西南角，阴角序号从第 1 块板开始沿着房间四周按顺时针旋转）。

如图 4-32 中，"B4 房-28"标明 B 区编号为"4"的房间，模板总数为 28，该黑色箭头的指向表示序号为"1"的阴角模板的部位，其余阴角均从该阴角开始沿房间按顺时针旋转以进行编号；"B6 房"表示 B 区编号为"6"的房间，该房间较小，模板较少，不再统计模板总数、对阴角等进行编号。

另外，如图 4-33 所示，外墙节点按节点构件的类型归属为墙柱、梁或房间的分区；楼梯间的墙归属于墙柱分区，楼梯的其他模板如踏步板等归属于房间分区，见图 4-34。

吊模板不归属于墙柱、梁、房间分区，吊模板在构件分区编号示意图不进行表示，在

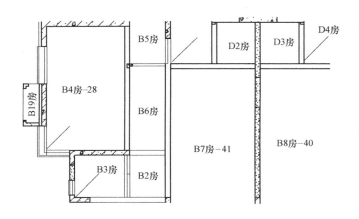

图 4-32　房间编号示意图（部分）

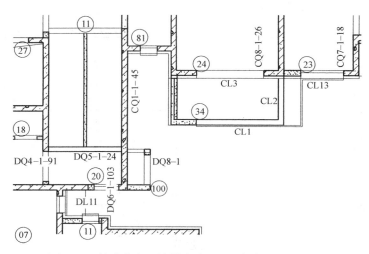

图 4-33　外墙节点及楼梯中墙柱、梁构件编号示意图

下一节的免预拼流程中会进行阐述。

4.4.2　免预拼的流程

（1）铝模设计完成后，设计组出具铝模清单、铝模加工图、铝模拼装图与构件分区编号示意图，其中清单中应标明各模板所属分区及所属构件编号的信息，该信息由构件分区编号示意图确定。

（2）铝模厂按清单和加工图生产模板，每块模板生产完成，均在模板的加筋面的显眼位置，贴上对应的构件分区编号信息，如"BQ3"、"BL7"、"B4 房"等。

（3）根据模板清单、构件分区编号示意图以及模板上贴的构件分区编号信息对生产完成的模板进行打包，并直接运送至施工现场，模板打包与运输的其他注意事项可以参考上一节的内容。

（4）根据铝模拼装图与构件分区编号示意图，在施工现场对铝模进行拼装，具体拼装顺序和方法可参考上一节的内容。

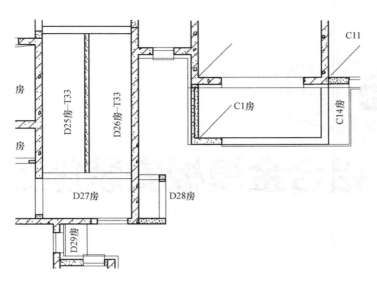

图 4-34　外墙节点及楼梯中房间编号示意图

　　（5）拼装完成，参照构件分区编号示意图对墙柱模板、楼面阴角模板等进行逐一编号，梁板、楼面模板等可不一一编号。

　　（6）上吊模板，根据铝模拼装图对吊模板进行安装，并逐一编号。

　　（7）免预拼完成。

4.4.3　免预拼的优缺点

　　免预拼的优点主要有以下三个方面：

　　（1）省略了预拼装环节，避免模板预拼时重复装拆，消耗人力、物力、财力，损耗模板。

　　（2）免预拼省略了大范围的场地需要。

　　（3）如果采取预拼的形式，那么在预拼完、打包前，我们需要对每一块模板都进行编号，工作量非常大，而免预拼则避免了这个问题。

　　当我们安装模板的时候，需要一一对应每一个模板的编号，这样会让安装变得非常繁琐。事实上，用标准楼面板来举例，尺寸一样的模板，完全可以调换着用，而不需要找那块"特定"编号的模板，免预拼同样避免了这个问题。

　　值得注意的是，免预拼也有它的缺点，一是依赖于设计成果的准确性，二是加工及按清单捡板打包都不能出现失误。利用三维技术铝模设计的问题好解决（主要是对孔），铝模加工或管理达不到免预拼要求，若强行免预拼上工地，可能会出现严重的问题，造成重大损失。如重复搬运、变更设计、生产滞后、延误工期等，得不偿失。

铝合金模板安装施工

了解铝合金模板现场安装前的项目管理协调以及技术准备。

了解铝合金模板文明施工和环境保护措施。

掌握铝合金模板现场安装的工艺流程及施工要求。

掌握铝合金模板常见质量问题以及防治措施。

掌握铝合金模板的施工要点并总结。

5.1 施工前准备

5.1.1 施工前管理准备

铝合金模板施工前，施工项目部首先应对自身组织机构进行明确的工作责任分工，科学合理的分工有利于铝合金模板工程施工的规范、有序进行，见表5-1。

组织机构及其管理职责 表5-1

职务	主要工作职责
项目经理	内外协调、部署
生产经理	全面负责工地材料供应，机具配套，劳动力管理，安全设施，施工进度计划的落实，组织铝模板安全及质量的各项验收，保证安全生产
技术负责人	编制铝合金模板专项施工方案，组织项目管理人员进行质量安全技术交底，参与铝合金模板工程验收
施工员	负责栋号内进度、质量、安全日常生产工作，协调各施工队工作安排，落实质量纠正和预防措施的组织实施。负责栋号内施工进度安排，发现质量问题及时整改，负责施工现场的安全技术交底及质量安全的检查督促
技术员	参与分项工程验收，负责新工艺、技术推广工作

续表

职务	主要工作职责
安全员	全面负责监督施工过程中的质量及安全措施的落实,防治违章指挥及违章作业,指导施工班组做好施工现场安全及工程质量,发现质安问题及时会同有关人员进行处理,定期向项目负责人汇报安全生产情况;参与模板验收
施工班组	负责本班组的质量检查及施工任务落实,管控好班组成员施工过程中的安全问题,遵守安全技术操作规程,落实项目部技术交底内容,负责本班组的自检,互检工作全面落实

5.1.2　施工前技术准备

（1）由于铝模板是根据钢筋混凝土结构施工的要求进行专门设计、生产,现场施工时应严格按照模板设计文件进行安装,因此在模板工程施工前必须熟悉模板设计文件,核对模板、配件、支撑系统的规格、品种和数量等。

铝模进场前必须在场内按照实际使用拼装形式进行安装,并按照相关技术要求进行五方验收（建设方、监理、施工方、设计方及铝模供应商）,为了保证铝合金模板的施工质量,在模板安装前对外观进行检查是非常重要的,不符合要求的应当及时维修,存在变形或者明显缺陷的必须给予替换。铝模在厂内验收合格后,应由项目部安排施工班组派专人进行详细编号,并全程参与铝模拆装打包过程（由多个小构件拼凑的构件应整体打包）。

（2）场地准备：铝合金模板由工厂运送至施工现场前,施工单位应先对施工范围内的区域进行规划并将材料进行清理,将堆放铝合金模板的范围提前预留出来;避免因场地的不完整影响铝合金模板卸车,导致项目的施工进度缓慢甚至停滞。

（3）方案准备：铝合金模板专项施工方案的编制是实施铝合金模板工程的必要条件,施工方案应参照（建办质〔2018〕31号）文件进行编制,内容应包括：

1）工程概况：危大工程概况和特点、施工平面布置图、施工要求和技术保证条件;

2）编制依据：相关法律、法规、规范性文件、标准、规范及施工图纸设计文件、施工组织设计等;

3）施工计划：包括施工进度计划、材料设备计划;

4）施工工艺技术：技术参数、工艺流程、施工方法、操作要求、检查要求等;

5）施工安全保证措施：组织保障措施、技术措施、监测监控措施等;

6）施工管理及作业人员配备和分工：施工管理人员、专职安全生产管理人员、特种作业人员、其他作业人员等;

7）验收要求：验收标准、验收程序、验收人员等;

8）应急处置措施;

9）计算书及相关施工图纸。

（4）技术交底准备：

技术交底是施工单位一项重要的技术管理工作,是施工方案的延伸和补充;目的在于所有参与项目建设的技术管理人员与施工班组成员,了解所承建的项目工程特点、设计意图、技术要求、施工工艺及注意事项。

1）模板安装交底内容

① 项目的基础数据：层高、变化情况、混凝土展开面积、变化层情况等。

② 项目难点要点。设计难点、施工要点、特殊部位设计意图及变化安装注意事项等。

③ 模板上标识。各部位模板（如墙模、梁模、板模）如何识别，模板长宽尺寸如何读取等。

④ 安全技术措施，重大危险源及应急预案。

2）模板安装交底注意事项

① 为减少混凝土泵管抖动对支撑的不利影响，必须增设独立立杆支撑布料机。

② 铝模早拆体系的非承重早拆模板拆除时间墙柱不早于 12h，楼板不早于 36h，承重支撑拆除时的混凝土强度要求，如表 5-2 所示。

模板拆除时的混凝土强度要求 表 5-2

序号	构件类型	构件跨度（m）	达到设计的混凝土立方体抗压强度标准值的百分率（%）
1	板	≤2	≥50
		>2，≤8	≥75
		>8	≥100
2	梁、拱、壳	≤8	≥75
		>8	≥100
3	悬臂构件	—	≥100

5.2 铝合金模板安装施工流程

放墙、柱边线及控制线→绑扎墙、柱钢筋（水电预留预埋）→墙柱钢筋及水电预埋线盒验收→安墙柱模板→安装梁模板→安装楼板模板→检查墙、柱铝模板垂直度→检查平整度→检查销钉销片质量→移交绑扎楼板钢筋→墙柱加固→铝模板及梁板钢筋工程验收→混凝土浇筑→拆模→转运至下一层。

（1）楼层放线

根据图纸由测量员放出楼层的主控线；再由铝合金模板班组长根据主控线分出剪力墙、柱的混凝土边线以及 200mm 的外控线，同时放出上一层梁混凝土边线，以便安装梁模板时进行梁定位和校准（图 5-1、图 5-2）。

（2）墙、柱钢筋绑扎，水电预埋

墙、柱绑扎钢筋时箍筋应注意不得超出保护层、交叉点应每点绑扎牢，整体要校正垂直不得出现倾斜偏位等现象，以防止因为钢筋原因导致铝合金模板无法封模；剪力墙、柱钢筋绑扎完成以后由水电班组进行线管及预埋盒的埋设，且应通过楼层主控线精确定位预埋盒位置；不应破坏剪力墙、柱的钢筋骨架，同时预埋部位应提前与铝合金模板班组沟通，不能影响铝模板对拉螺杆的安装。施工步骤见图 5-3～图 5-6。

图 5-1　剪力墙、柱放线

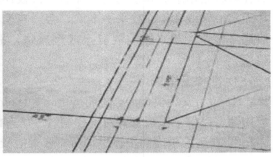

图 5-2　框架梁放线

图 5-3　剪力墙、柱钢筋绑扎

图 5-4　定位筋的留置

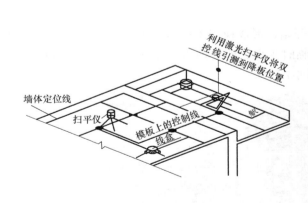

图 5-5　预埋盒精确定位

图 5-6　水电预留预埋

（3）剪力墙、柱铝合金模板安装及加固

1）内墙柱模板不直接与本层混凝土楼板接触，而是使其离板面有 10mm 的空隙，然后在底脚处用水泥砂浆塞缝，外墙柱模板连接在下层 K 板上。在安装墙柱模板时，如果楼面定位轴线和楼面找平不准确，会影响模板的拼接和调整，同时也会引起混凝土浇筑时底部漏浆烂根，影响混凝土成型质量，故浇筑混凝土时要严格控制混凝土楼板的平整度。

2）准备工作

① 初始安装模板前，可将 50mm×18mm 的木条用钉子固定在混凝土地面上直到外角模内侧，以保证模板安装对准控制线。所有模板都必须从角部开始安装。

② 安装模板之前，需保证所有模板混凝土接触面及边缘部位已进行表层清理和涂油。确认模板体系稳定，内角模按控制线定位后继续安装整面剪力墙模板。为了拆除方便，墙模与内角模连接时销钉的头部应尽可能地在内角模内部。

3）剪力墙、柱模板安装方法

安装墙柱模板有两种方法，即"双模"及"单模"安装。外围墙体和大面积区域通常采用双模法安装，中间间墙等小面积区域采用单模法安装。

① "双模安装"法，成对的模板先用对拉螺杆相对固定，后一组模板用销钉销片与前一组模板连接。其优点：

a. 没有重复性工作；

b. 两个安装工人可以始终在墙模板两边沟通配合，避免盲目操作。

② 单模安装的优点：

a. 单边模板闭合成方形空间，有错误时调整单面模板比调整双面模板要方便；

b. 若钢筋挡住对拉螺杆，可以直观看见，易于纠正，不耽误模板安装和施工进度。

③ 电梯井处，因其四周的模板必须正确地安装在下层的 K 板上，保证 K 板标高一致，不影响电梯井的垂直度。

④ 墙的端部和门洞开口处模板应定位，用仪器检查门窗洞口的垂直度，洞口处建议安装定位工具。

4）剪力墙、柱模板安装规定

① 墙、柱模板安装须从角部或端部开始，形成稳定支撑后方可按顺序安装其他部位模板；墙体单边板安装时须加设可靠的临时支撑；墙柱模板封闭前应及时加上对拉螺杆（拉片）及胶杯、胶管等顶紧装置；如图 5-7 所示。

图 5-7　墙柱模板安装

温馨提示：扫描下方二维码，可观看剪力墙装模视频。

5.1　剪力墙装模视频

② 墙两侧模板的对拉螺杆孔应平直相对，穿插对拉螺杆时不得斜拉硬顶，应采用机具钻孔，严禁用电、气焊灼孔。

③ 背楞宜取用整根杆件。背楞搭接时，上下道背楞接头宜错开设置，错开位置不宜少于400mm，接头长度不应少于200mm，如图5-8、图5-9所示。当上下接头位置无法错开时，应采用具有足够承载力的连接件。

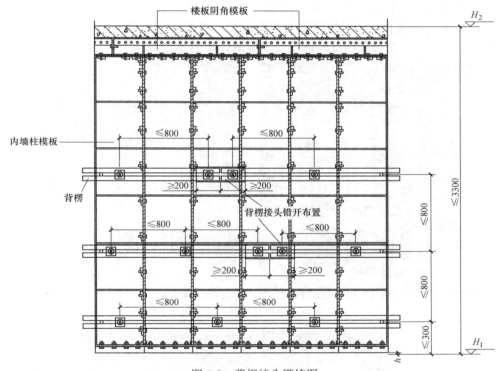

图5-8　背楞接头搭接图

④ 墙柱模板不宜在竖向拼接，当配板确需拼接时，不宜超过一次。拼接缝300mm范围内需设置一道横向背楞。

⑤ 内墙柱模板与吊脚角铝的连接应采用螺栓连接，连接角铝应采用螺栓连接的方式固定在其中一块模板上。

⑥ 在跨洞口处，相邻墙肢的模板背楞不宜断开，从而保证跨洞口处混凝土的成型质量。如图5-10所示。

⑦ 对跨度较大的现浇混凝土梁、板，根据相关规范要求（GB 50204），适度起拱有利于保证构件的形状和尺寸。当施工措施能够保证模板变形符合要求，也可不起拱或采用更小的起拱值。

（4）铝合金梁、板模板安装

1）梁模板安装时，梁底模板应先在楼面拼接完毕后再整体提升安装，两端通过转角模固定在墙模板上，然后再安装梁侧模板，如图 5-11 所示。

2）采用卷尺拉水平线检查梁底是否符合标高，再用激光扫平仪或水平直尺检查板面是否水平，调节梁底模板的每根支撑杆，直至梁底模板的水平符合要求，同跨梁底模板内水平应控制在 5mm 范围内。

3）楼板模板安装应先安装楼面 C 槽，并在楼面将龙骨拼接完成，再将龙骨两端

图 5-9　背楞接头搭接示意图

直接固定在楼面 C 槽上，楼面与墙或梁模板连接，楼面龙骨安装时应先在楼面拼装完毕后，再提升安装，安装过程中随时通过仪器检测，如图 5-12 所示。

图 5-10　跨洞口相邻墙肢模板背楞贯通不断开

图 5-11　梁底、梁侧模板安装

图 5-12　楼面龙骨拼装以及安装

4）楼面模板的安装沿墙边平行逐件安装，先用销钉临时固定，最后再统一打紧销钉。安装完毕后，用水平仪测定其整体的安装标高，调整达到设计标高满足平整度要求方可进行下一步的施工，如图 5-13、图 5-14 所示。

图 5-13　楼面板安装

温馨提示：扫描下方二维码，可观看楼面模板安装视频。

5.2　楼面模板安装视频

5）梁、板模板安装规定：

① 模板及其支撑应按照拼装图安装编码进行安装，配件应安装牢固，如图 5-15 所示。

② 梁底模板可在楼面先进行预拼装，将梁底模板连接成整体，梁底模板、早拆头、

图 5-14 水平仪测楼面板安装标高

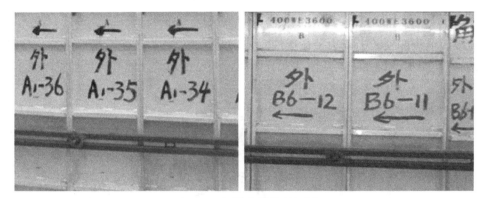

图 5-15 铝模安装编码组图

梁底阴角按正确的位置用销钉锁紧，梁底调平后，安装梁侧模板，所有横向连接的模板，销钉必须由上而下插入。

③ 禁止两块楼面模板在两龙骨之间沿长度方向拼接。

④ 楼面固顶下的支撑杆应垂直，无松动，楼面模板安装完成后，须通过调整支撑杆高度保证板面平整度符合要求。如图 5-16 所示。

⑤ 边梁外侧模板应设置竖向背楞，竖向背楞间距不宜大于 600mm，如边梁采用三角撑加固，间距≤800mm，如图 5-17 所示。

图 5-16 调节支撑杆保证板面平整度

图 5-17 边梁三角撑加固

（5）梁、板钢筋绑扎

铝合金梁、板模板安装完成以后，确认支撑稳定可靠即可通知钢筋班组进入施工作业面绑扎楼面钢筋，先绑扎楼面梁钢筋骨架，再绑扎板底部钢筋网片，如图 5-18 所示。当钢筋班组绑扎完大部分板底部钢筋网片后，水电安装班组可到楼面（穿插施工）进行楼板、梁内的预埋盒及线管的预埋安装，如图 5-19 所示。水电安装人员预埋在梁内、楼板上的水电盒位置必须精确，不能随意调动预埋盒位置，如需要在铝模板上开洞需提前跟铝模板班组进行沟通。

图 5-18 梁钢筋骨架及板底钢筋绑扎

图 5-19 线管及开关盒预埋

（6）铝合金模板飘窗板及吊模安装

1）飘窗板铝合金模板，两铝模板用螺栓固定，中间夹胶合板垫片控制间距，如图 5-20 所示。飘窗台固定方式，通过对拉螺杆与已浇筑飘窗下板对拉，并采用背楞连接，如图 5-21 所示。

2）吊模安装。吊模一般安装在降板部位，如：卫生间、阳台、厨房地面。安装吊模时，必须定准安放位置，吊模底部四个角需用实心混凝土预制块垫稳，实心混凝土预制块较砂浆垫块更有利于防止安装吊模处楼板漏水；其次吊模四周都需要用铁丝或钢筋焊接固定，防止混凝土浇筑时吊模位置偏移，吊模上侧则用角铁加固，防止吊模多次周转使用产生变形。如图 5-22 所示。

图 5-20　飘窗板部位铝合金模板

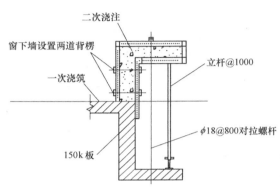

图 5-21　飘窗台固定方式

图 5-22　降板部位吊模

（7）混凝土浇筑

浇筑混凝土前铝合金模板检查项目：

1）所有模板应清洁且涂有合格脱模剂（图 5-23）；

2）确保墙、柱模板按照控制线安装（图 5-24）；

3）检查全部开间尺寸是否正确，模板有无扭曲变形情况；

4）检查全部水平模板（楼板模板和梁底模板）的平整度是否符合要求（图 5-25）；

5）检查板、梁底部支撑杆是否垂直的，有无松动的情况；

6）检查墙模板和柱模板的背楞和斜支撑是否正确；

7）检查对拉螺杆、销钉、销片保持原位且牢固；

8）把剩余材料及其他物件清理出浇筑区；

9）确保悬挂工作平台支撑架可靠固定在混凝土结构上。

图 5-23　涂刷脱模剂　　　　　　　　　图 5-24　墙、柱模板按线安装

温馨提示：扫描下方二维码，可观看单板、整体墙板涂刷脱模剂视频。

5.3　单板墙板涂刷脱模剂视频　　　　5.4　整体墙板涂刷脱模剂视频

图 5-25　检查楼板模板和梁底模板平整度

浇筑混凝土过程中注意事项：

1）浇筑混凝土时，为保证支撑系统受力均匀，采取先浇筑中部，逐渐向四周发散的

浇筑方式，如图 5-26 所示，以保证整个支撑体系受荷中心大体居中。

2）混凝土需用振动棒振捣密实，不得出现少振和漏振。剪力墙、柱混凝土需分层浇筑，梁板混凝土需要连续浇筑，防止混凝土出现"冷缝"现象，如图 5-27 所示。

混凝土浇筑过程中铝合金模板注意事项：

1）振动棒振捣过程中不允许直接接触铝模板，有可能引起销钉、销片脱落；

2）振动棒振捣可能引起横梁，竖向支撑头及相邻区域的下降滑移；

3）保证特殊区域（洞口、悬挑构件）支撑完好，并时刻注意铝合金模板钢支撑不能倾斜和移位；

图 5-26　混凝土浇筑　　　　　　　　　图 5-27　混凝土冷缝

4）浇筑楼面混凝土时要严格控制墙柱四周的标高和平整度。

以上注意要点应在混凝土浇筑时安排专人护模并实时跟测，如图 5-28 所示。

图 5-28　混凝土浇筑时护模人员实时跟测

5.3　铝合金模板早拆体系与拆除要求

5.3.1　铝合金早拆模板支撑系统分析（参照《建筑施工铝合金模板技术规程》 DBJ43/T 322—2017 第 4.5 节）

（1）板底早拆系统支撑间距不宜大于 1300mm×1300mm，梁底早拆系统支撑间距不宜大于 1300mm。钢管支撑体系其立杆纵横间距一般为 1200mm 左右，如图 5-29 所示。

（2）早拆模板支撑系统，可用于强度等级不低于 C20 的现浇混凝土结构；拆除楼板模板时，应对混凝土楼板进行抗冲切、抗剪切、抗弯承载力验算和挠度验算，验算时可按素混凝土板计算；对预应力混凝土结构应经过论证后，方可使用。

（3）早拆模板支撑系统应具有足够的强度、刚度和稳定性，应能承受在施工过程中浇筑混凝土的自重和施工荷载。

（4）在钢支撑承载力满足要求的前提下，当梁宽不大于 350mm 时，梁底早拆头可由一根可调钢支撑支撑；当梁宽为 350～700mm 时，梁底早拆头应由不少于两根可调钢支撑支承。

图 5-29　铝模及支撑

（5）可调刚支撑等早拆支撑杆下端应支撑在混凝土楼板上，并应采取措施防止支撑根部滑移。

（6）竖向支撑拆除时间应通过计算，且宜保留不少于三层的支撑，如图 5-30 所示。

5.3.2　铝合金模板拆除要求

（1）模板早拆是指拆除支撑周边模板、保留支撑及固顶继续支撑混凝土，如图 2-12、图 2-13、图 2-19 所示，故在拆除过程中严禁先拆除支撑及支撑顶部模板再拆支撑周边模板然后回顶的情况出现。模板及其支撑系统拆除的时间、先后顺序及安全措施应严格遵照模板工程专项施工技术方案实施。

（2）拆除模板及支撑的混凝土强度应满足设计及《建筑施工铝合金模板技术规程》 DBJ43/T 322—2017 第 4 章的有关规定；当设计无具体要求时，应符合现行国家标准《混凝土结构工程施工规范》GB 50666 的有关规定。

（3）模板早拆拆模前应按《建筑施工铝合金模板技术规程》DBJ43/T 322—2017 附录 F，如表 5-3 所示的要求填写申请单，并经监理工程师批准后方可拆除。模板拆除后应按附录 G（表 5-4）的要求填写质量验收记录表。模板早拆的设计与施工应符合以下规定。

1）拆除早拆模板时，严禁扰动保留部分的支撑系统。

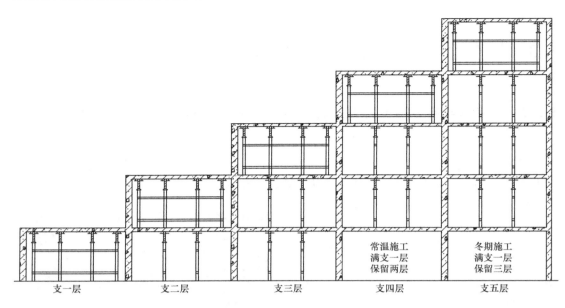

图 5-30　铝合金模板支撑体系

2）拆除模板应先拆除非承重模板（如墙模板、梁侧模板），如图 5-31 所示，再拆除承重模板（如梁底模板、板底模板）。

> 温馨提示：扫描下方二维码，可观看铝合金梁、板、墙柱模板拆除视频。
>
> 5.5　梁板模板拆除视频　　　　　　5.6　墙柱模板拆除视频

3）模板应严格按照专项施工方案规定的墙、梁、楼板、柱拆模时间依次及时拆除。

4）支撑杆应始终处于承受荷载状态，结构荷载传递的转换应可靠，如图 5-32 所示。

5）支承件和连接件应逐件拆卸，拆除时不得损伤模板和混凝土，模板应逐块拆卸由传料口传递至上一层。

> 温馨提示：扫描下方二维码，可观看铝合金模板通过传料口传递的视频。
>
>
>
> 5.7　传料口传递视频

6）拆下的模板及配件应及时清理，清理后的模板和配件均应分类堆放整齐，不得倚靠模板或支撑构件堆放。

（4）在达到拆模条件后不及时拆除模板，易造成模板难以拆除、模板面的混凝土浆难以清理，会延缓施工进度、影响后续混凝土表面的成型质量。

模板早拆拆模前应按表 5-3 所示的要求填写申请单，并经监理工程师批准后方可拆除。

图 5-31　梁侧模拆除

图 5-32　拆模后钢支撑

铝合金模板早拆第一次拆模申请单　　　　　　　　　　　　　　　表 5-3

工程名称			
申请拆模部位		混凝土设计强度等级	
混凝土浇筑完成时间		年　月　日　时	
申请拆模时间		年　月　日　时	
拆模时混凝土强度要求	同条件混凝土抗压强度(MPa)	试验报告编号	龄期(d)
混凝土强度≥50%,并满足本书5.3.1的规定			
早拆条件	上层墙体或柱子的模板拆除并运走　是□　否□ 楼层无过量施工荷载　　　　　　　是□　否□		

审批意见：

审批人：
批准拆模日期：

施工单位			
项目技术负责人	专业质检员		申请人

注：1. 本表由专业工长填写申请，施工单位保存。
　　2. 早拆部位应按施工方案要求执行。

模板拆除后应按表 5-4 所示的要求填写质量验收记录表。

铝合金模板整体拆除质量验收记录表　　　　　表 5-4

单位(子单位)工程名称					
分部(子分部)工程名称				验收部位	
施工单位				项目经理	
施工执行标准名称及编号					
本规程规定			施工单位检查评定记录		监理(建设)单位验收记录
主控项目	1	拆模时的混凝土强度	拆除墙、柱、梁侧模板时的混凝土强度		
			拆除底模时的混凝土强度		
			拆除竖向支撑时的混凝土强度		
一般项目	1	严禁扰动保留部分的支撑原状,严禁拆除设计保留的支撑,严禁竖向支撑随模板拆除后再进行二次支顶			
专业工长(施工员)			施工班组长		
施工单位检查评定结果		项目技术负责人:　　　　　　　年　　月　　日			
监理(建设)单位验收结论		专业监理工程师: (建设单位项目专业技术负责人):　　　　年　　月　　日			

注:本表由专业质检员填写,施工单位保存。

5.4　安全文明施工及环境保护措施

5.4.1　安全文明施工措施

(1) 从事模板作业的人员,应经安全技术培训;从事高处作业人员,应定期体检,不符合要求的不得从事高处作业。

(2) 模板工程应编制安全专项施工方案,并经施工企业技术负责人和总监理工程师审核签字;层高超过 3.3m 的可调钢支撑模板工程或超过一定规模的模板工程应编制单独安全专项施工方案并组织专家论证。

(3) 安全技术交底及装拆验收应符合住房城乡建设部《危险性较大的分部分项工程安

全管理规定》（建办质〔2018〕31号）的有关规定。明确施工过程中重点检查的内容，从关键点控制上保证支架的安全检查，应做好相关记录并由责任人签字。如模板装拆和支架搭设、拆除前，应进行施工操作的安全技术交底，并应有交底记录；模板安装、支架搭设施工过程中，应按规定组织检查验收，验收符合要求后经责任人签字确认。检查项目应包括下列内容：

1）可调钢支撑等支架基础按设计要求设置底座或预埋螺栓，达到坚实、平整，承载力应符合设计要求，能承受支架上部全部荷载。

2）可调钢支撑等支架立杆的规格尺寸、连接方式、间距和垂直度应符合设计要求，不得出现偏心荷载；如图5-33、图5-34所示。

图5-33　支撑间距

图5-34　斜撑安装

3）销钉、对拉螺杆、预制混凝土撑条、承接模板及斜撑的预埋螺栓等连接件的数量、间距应符合设计要求。

（4）登高作业时，应符合《建筑施工高处作业安全技术规范》JGJ 80的相关要求。

（5）在高处安装和拆除模板时，必须有稳固的登高工具；在临街面及交通要道地区，尚应设警示牌、设置围栏，派专人看管，严禁非操作人员进入作业范围。

（6）模板安装时，作业层的施工荷载应符合设计要求，不得超载。混凝土浇筑过程中，应避免荷载集中，并应派专人在安全区域内观测模板支撑的工作状态。

（7）模板支架使用期间，不允许随意拆除架体结构杆件，避免架体因拆除杆件导致承载力不足，发生安全事故。

（8）在模板支撑上进行电、气焊作业时，须有专人看护；施工临时用电、避雷、防触电和架空输电线路的安全距离等，应符合《施工现场临时用电安全技术规范》JGJ 46的有关规定；对高耸结构的模板作业应安装避雷设施。

（9）雨期施工应使用防水插头及插座；在大风地区或大风季节施工，模板应有临时抗风加固措施。严禁在大雨、大雾、沙尘、大雪及5级以上大风等恶劣天气进行露天高处作业。停止施工时，将已安装的钢筋、模板进行临时加固或拆除并平整堆放，堆放高度不得高于1.2m；大风、雨（雪）过后立即对模板的稳定性、牢固性仔细检查，发现问题要及时处理。

5.4.2 环境保护措施

（1）采取相应措施以使施工噪声符合《建筑施工场界环境噪声排放标准》GB 12523 要求。

（2）建立健全环境工作管理条例，主动接受群众的监督。

（3）模板运输时文明轻放；模板调整时，不要过度敲击，避免损坏模板及其附件和造成大的噪声。

（4）在作息期间施工尽量减少撞击声、哨声，禁止乱扔模板、拖铁器及禁止大声喧哗等人为噪声。

（5）模板用的穿墙螺杆等要收集处理。模板进行清理时，不要破坏模板和其配件；涂刷脱模剂时，防止泄漏，以免污染土壤，禁止用废旧的机油代替脱模剂。

（6）注意环境卫生，施工项目用地范围内的垃圾倾倒至指定点，不得随意堆放或倾倒。

（7）固体废弃物分类定点堆放，分类处理，可以回收的应回收利用。

5.5　铝合金模板的常见质量通病及防治措施

具体内容见表 5-5。

铝合金模板的常见质量通病及防治措施　　　　　　表 5-5

序号	名称	现象	原因分析	防治措施
1	轴线偏移	混凝土浇筑后拆模时，发现柱、墙实际位置与建筑物轴线位置有偏移	1.1 轴线放样产生误差。 1.2 技术交底不清，模板拼装时组合件未能按规定到位。 1.3 墙、柱模板根部或顶部无限位措施或限位不牢，发生偏位后未及时纠正，造成累积误差。 1.4 支模时，未拉水平、竖向通线，且无竖向垂直度控制措施。 1.5 未设水平拉杆或水平拉杆间距过大。对拉螺栓、顶撑、木楔使用不当或松动造成轴线偏位。 1.6 混凝土浇筑时未均匀对称下料，或一次浇筑高度过高造成侧压力大挤偏模板	1.1 模板轴线测放后，组织专人进行技术复核验收，确认无误后才能支模。 1.2 严格按 1/10～1/15 的比例将各分部、分项翻成详图并注明各部位编号、轴线位置、几何尺寸、剖面形状、预留孔洞、预埋件等，经复核无误后认真对操作工人进行技术交底，作为模板安装的依据。 1.3 墙、柱模板根部和顶部必须设可靠的限位措施，如采用现浇楼板混凝土上预埋短钢筋固定钢支撑，以保证底部位置准确。 1.4 支模时要拉水平、竖向通线，并设竖向垂直度控制线，以保证模板水平、竖向位置准确。 1.5 根据混凝土结构特点，对模板进行专门设计，以保证模板及其支架具有足够强度、刚度及稳定性。 1.6 混凝土浇筑前，对模板轴线、支架、顶撑、螺栓进行认真检查、复核，发现问题及时进行处理。 混凝土浇筑时要均匀对称下料，浇筑高度应严格控制在施工规范允许的范围内

续表

序号	名称	现象	原因分析	防治措施
2	标高偏差	测量时,发现混凝土结构层高度及预埋件、预留孔洞的标高与施工图设计标高之间有偏差	2.1 楼层无标高控制点或控制点偏少,控制网无法闭合;竖向模板根部未找平。 2.2 模板顶部无标高标记,或未按标记施工。 2.3 高层建筑标高控制线转测次数过多,累积误差过大。 2.4 预埋件、预留孔洞未固定牢,施工时未重视施工方法。 2.5 楼梯踏步模板未考虑装修层厚度	2.1 每层楼设足够的标高控制点,竖向模板根部须做找平。 2.2 模板顶部设标高标记,严格按标记施工。 2.3 建筑楼层标高由首层±0.000 标高控制,严禁逐层向上引测,以防止累计误差,当建筑高度超过 30m 时,应另设标高控制线,每层标高引测点应不少于 2 个,以便复核。 2.4 预埋件及预留孔洞,在安装前应与图纸对照,确认无误后准确固定在设计位置上,必要时用电焊或套框等方法将其固定,在浇筑混凝土时,应沿其周围分层均匀浇筑,严禁碰击和振动预埋件模板。 2.5 楼梯踏步模板安装时应考虑装修层厚度
3	结构变形	拆模后发现混凝土柱、梁、墙出现鼓凸、缩颈或翘曲	3.1 支撑及背楞间距过大,模板刚度差,连接件未按规定设置,造成模板整体性差。 3.2 墙模板无对拉螺栓或螺栓间距大,螺栓规格过小。 3.3 门窗洞口内模间对撑不牢固,易在混凝土振捣时模板被挤偏。 3.4 梁、柱模板卡具间距达大,或未夹紧模板,或对拉螺杆配备数量不足,以致局部模板无法承受混凝土振捣时产生的侧向压力,引发局部爆模。 3.5 浇筑墙、柱混凝土速度过快,一次浇灌高度过高,振捣过度	3.1 模板及支撑系统设计时,应充分考虑其本身自重、施工荷载及混凝土的自得及浇捣时产生的侧向压力,以保证模板及支架有足够的承载能力、刚度和稳定性。 3.2 梁底支撑间距应能够保证在混凝土重量和施工荷载作用下不产生变形。 3.3 梁、墙模板上部必须有临时撑头,以保证混凝土浇捣时,梁、墙上口宽度。 3.4 浇捣混凝土时,要均匀对称下下料,严格控制浇灌高度,特别是门窗洞口模板两侧,既要保证混凝土振捣密实,又要防止过分振捣引起模板变形
4	接缝不严	由于模板间接缝不严有间隙,混凝土浇筑时产生漏浆,混凝土表面出现蜂窝,严重的出现孔洞、露筋	4.1 放样不认真或失误,模板制作马虎,拼装时接缝过大。 4.2 模板安装周期过长,因边角变形未时修整造成裂缝。 4.3 模板接缝措施不当。梁、柱交接部位,接头尺寸不准、错位	4.1 放样要认真,严格按 1/10～1/50 比例将各分部分项细部放成详图,详细编注,经复核无误后向操作工人交底并考核,强化工人质量意识,准确拼装。 4.2 模板间嵌缝措施要控制,不能用油毡、塑料布,水泥袋等去嵌缝堵漏。 4.3 梁、柱交接部位支撑要牢靠,拼缝要严密(必要时缝间加双面胶纸),发生错位要校正好

续表

序号	名称	现象	原因分析	防治措施
5	脱模剂使用不当	模板表面混凝土残缺,结构观感有麻面等缺陷	5.1 拆模后不清理混凝土残浆即刷脱模剂。 5.2 脱模剂涂刷不匀或漏涂,或涂层过厚	5.1 拆模后,必须清除模板上遗留的混凝土残浆后,再刷脱模剂。 5.2 严禁用废机油作脱模剂,脱模剂材料选用原则为:既便于脱模又便于混凝土表面装饰。选用的材料有皂液、滑石粉、石灰水及其混合液和各种专门化学制品脱模剂等。 5.3 脱模剂材料宜拌成稠状,应涂刷均匀,不得流淌,一般刷两度为宜,以防漏刷,也不宜涂刷过厚。 5.4 脱模剂涂刷后,应在短期内及时浇筑混凝土,以防隔离层遭受破坏
6	模板支撑选配不当	由于模板支撑体系选配和支撑方法不当,结构混凝土浇筑时产生变形	6.1 支撑不够,无足够的承载能力及刚度导致混凝土浇筑后模板变形。 6.2 支撑稳定性差,无保证措施,混凝土浇筑后支撑自身失稳,使模板变形	6.1 模板支撑系统根据不同的结构类型和模板类型来选配,以便相互协调配套。使用时,应对支承系统进行必要的验算和复核,尤其是支撑间距应经计算确定,确保模板支撑系统具有足够的承载能力、刚度和稳定性。 6.2 钢质支撑体系其钢楞和支撑的布置形式应满足模板设计要求,并能保证安全承受施工荷载,钢管支撑体系其立杆纵横间距一般为1.2m左右

5.6 铝合金模板施工要点及总结

5.6.1 铝合金模板安装施工控制要点

(1)放线过程中需要利用墨斗将剪力墙边线以及200mm控制线放样在楼面,放线完成后,必须及时对墙柱、窗台根部钢筋定位进行复核,如发现钢筋偏位必须在模板安装前进行钢筋整改,墙柱模板安装时严格按照200mm控制线控制。

(2)柱定位钢筋需设置在柱子的三个面,墙身定位钢筋沿墙长方向依次设置间距不大于600mm;如图5-35、图5-36所示。

(3)模板使用前需将模板侧边粘结的混凝土清理干净同时将模板与混凝土接触面位置刷上脱模剂。

(4)严禁私自在铝模板上开洞、切割,水电施工、悬挑工字钢预埋层应提前告知技术部门,尽早反馈铝模厂方,定制特殊板,如图5-37所示。

(5)变形严重的铝模板要及时进行更换,如楼面转角异形板、非标准板、墙柱与楼板交接板,阴角连接板变形几率较大部位,应加强关注,发现问题及时更换。保证混凝土结构质量。

(6)浇筑前复核外围K板的定位情况,禁止存在高低不平、左右错台过大现象,K板高低全长高低偏差(0,5mm),左右偏差值(0,5mm)。

（7）混凝土浇筑前控制好铝模板垂直度、平整度，严格落实三检制度（班组自检-栋号检查-上报监理、甲方验收检查）。

（8）楼板平整度调整时，禁止采用硬物直接对楼面板进行敲打或锤击，必须在调整过程中楼板面增设木垫板。

（9）混凝土浇筑前需用水冲洗模板一遍，墙脚柱脚需提前用砂浆封堵，防止浇筑过程中漏浆，造成蜂窝麻面。浇筑过程中严格控制混凝土楼面标高，墙、柱脚边最好较楼面标高低 5mm。混凝土浇筑前和浇筑的过程中护模人员和管理人员一定要跟踪调控。

（10）安装楼板控制器，2m 铝合金尺刮平，结合钢筋头插，来控制楼板厚度。

图 5-35　柱子三面定位钢筋设置

图 5-36　剪力墙身定位钢筋设置

图 5-37　工字钢预留位置模板特殊定制

5.6.2　铝合金模板加固控制要点

（1）厨房、阳台、卫生间设大斜撑间距不能超过 2m，小斜撑间距 1～1.5m，内墙背楞不少于四道、外墙不少于五道，背楞间距不大于 800mm（图 5-8），第一道起步背楞不超过 300mm，转角处背楞宜一体化设置，如图 5-38 所示，门窗洞口部位的要拉通设置背楞。剪力墙柱采用对拉螺杆加固，楼面预埋斜撑固定件。

（2）墙柱加固的斜拉钢丝绳或斜撑在固定时，建议采用预埋钢筋头的方式进行布置，否则后续采用膨胀螺丝较容易对板中的线管造成破坏。

（3）独立构造柱一次成型，背楞不少于三道，而且四个面都要用斜撑加固；分户墙或者入户门有多个构造柱的，一定要拉通设置背楞。

（4）墙身销钉满设，楼板销钉不少于80％，梁侧板销钉间距不得大于300mm。

（5）外墙的大角线每一层要及时跟进，控制外墙大角错台和偏位。

（6）卫生间、阳台、厨房的降板区域吊模要不少于两道背楞加固及固定，如图5-39所示。

5.6.3 铝合金模板拆除控制要点

（1）铝模板拆模时间和上人、上材料不宜过早，飘板部位钢支撑保留三层不允许拆除。

（2）拆模过程中应保证模板支撑体系稳定可靠，拆除楼板模板时，应对混凝土楼板进行抗冲切、抗剪切、抗弯承载力验算和挠度验算，验算时可按素混凝土板计算；对预应力混凝土结构应经过论证后，方可使用。

（3）竖向支撑拆除时间应通过计算，且宜保留不少于三层的支撑。

（4）楼梯模板往往是掉落混凝土较多部位，应该增设彩条布敷设，有效减少混凝土对铝模的污染，减少拆模难度。

（5）墙柱、楼板拆模时应考虑对水电线管保护，减少破坏。

图 5-38　门洞位置背楞拉通设置

图 5-39　吊模使用背楞加固

第 6 章

铝合金模板检查与验收

【学习目标】

掌握铝合金模板现场检查项目以及检查方法。

掌握铝合金模板三检制度的流程及要求。

6.1 铝合金模板现场安装检查与验收

6.1.1 铝合金模板安装检查及验收

（1）在检查剪力墙、柱模板垂平过程中，检查人员一定要在墙模顶部转角处固定线锤上端，线锤自由落下，锤尖端对齐楼面剪力墙、柱的 200mm 控制线；通过卷尺量取线锤线与墙模外侧的距离进行记录，如图 6-1 所示；如上下垂直度、平整度有偏差；必须通过调节斜撑，直到线锤尖端和楼面的 200mm 控制线重合为止。

检查数量：同一检验批内，抽查构件数量不少于 10%，且不少于 3 件（面）。

（2）在检查可调钢支撑支架时，应检查钢支架的规格、间距、垂直度、插销是否符合配模设计要求

检查数量：全数检查

图 6-1　检查墙、柱垂平

（3）应检查阴角模板与模板连接处销钉的头部是否设置在阴角模板内部，以方便拆除。连接销上的销片应从上往下插，防止混凝土浇筑时脱落。

检查数量：全数检查

（4）在检查固定在模板上的预埋件、预留孔洞、沉降位吊模吊架、振捣孔盒子是否安装牢固，有无遗漏，其偏差是否符合《建筑施工铝合金模板技术规程》DBJ43/T 322—2017 附

125

录 E（表 6-1）的要求。

检查数量：同一检验批内，抽查构件数量不少于 10%，且不少于 3 件（面）。

（5）在模板检查过程中，检查人员必须严格按照《建筑施工铝合金模板技术规程》DBJ43/T 322—2017 附录 E，如表 6-1 所示，逐一检查所有铝模板各项目。

检查人员必须严格按照表 6-1 所示，逐项检查表内项目。

铝合金模板安装工程检验批质量验收记录表　　　　　　　　　表 6-1

	单位(子单位)工程名称				
	分项工程名称			验收部位	
	总承包施工单位			项目负责人	
	专业承包施工单位			项目负责人	
	施工执行标准名称及编号				
	施工质量验收规范的规定			施工单位检查评定记录	监理(建设)单位验收记录
主控项目	1	安装现浇结构的上层模板及其钢支撑时，下层楼板应具有承受上层荷载的能力，否则应加设钢支撑；上下层钢支撑的轴线应对准，尽量成一直线，轴线偏差不大于 15mm，钢支撑垂直度偏差不大于层高的 1/300，且钢支撑的规格、间距应符合设计要求				
	2	模板安装前须先清理干净，再涂刷脱模剂，脱模剂要薄而均匀，不得漏刷、挂流和沾污钢筋				
	3	模板拼缝应平整严密，不得漏浆				
	4	早拆部位与保留部位的构件符合模板早拆设计的要求				
	5	销钉需全部打紧，原则上模板单边销钉数量不少于两个，间距不大于 300mm，对拉螺杆需紧固到位，水平间距不大于 900mm，竖向间距不大于 800mm				
	6	支撑位置需正确安装，支顶到位				
	7	模板垂直度(mm)		≤3		
	8	模板平整度(mm)		≤3		
一般项目	1	轴线位置(mm)		±3		
	2	底模上表面标高(mm)		±5		
	3	截面内部尺寸(墙柱梁)(mm)		+4 −5		
	4	相邻模板面高低差(mm)		≤2		
	5	相邻模板拼缝(mm)		≤2		
	6	单跨楼板累积误差(mm)		±5		
	7	预留洞口	预留洞中心位置(mm)	±10		
			尺寸(mm)	+5,0		
	8	吊模	吊模中心位置(mm)	±5		
			尺寸(mm)	+5,0		
	9	跨度大于 4m 的现浇混凝土梁板，需按设计要求起拱，当无要求时，起拱高度为跨度的 1/1000～3/1000 为宜				
施工单位检查评定结果	专业工长(施工员)			施工班组长	
	安全员： 项目专业质量检查员：				年　　月　　日
监理单位验收结论	专业监理工程师：				年　　月　　日

注：本表由专业质检员填写，施工单位保存。

6.1.2　铝模板质量检验评定方法

评定方法应符合下列规定：

（1）检查项目按重要程度分为主要项目和一般项目两种。

（2）主要项目抽样检验点合格率不应低于 90%，一般项目抽样检验点合格率不应低于 80%。

（3）铝合金模板主要项目的不合格点中有 20% 的检查点，超出允许偏差值 1.2 倍时，应另外加倍抽样检验。加倍抽样检验的结果，仍有 10% 的检验点超出允许偏差值 1.2 倍，则该品种为不合格品质。

（4）焊缝必须全部检查。当有夹渣、咬边或气孔等缺陷时，该点按不合格计，有漏焊、焊穿等缺陷时，该判为不合格板。

6.1.3　检查项目和检查方法

检查项目和检查方法按表 6-2 执行。

铝合金模板质量检查项目和检查方法

表 6-2

序号		检查项目	项目性质	检查点数	检查方法
1	外形尺寸	长度	主要项目	3	检查两端及中间部位
		宽度	主要项目	3	检查两端及中间部位
		对角线差	主要项目	1	检查两对角线的差值
		面板厚度	主要项目	3	检查任意部位
		边框高度	主要项目	3	检查两侧面的两端及中间部位
		边框厚度	一般项目	3	检查两侧面的两端及中间部位
		边框及端肋角度	一般项目	3	检查两端及中间部位
2	销孔	沿板宽度的孔中心距	主要项目	2	检查任意间距的两孔中心距
		沿板长度的孔中心距	主要项目	3	检查任意间距的两孔中心距
		孔中心与板面的间距	主要项目	3	检查两端及中间部分
		孔直径	一般项目	3	检查任意孔
3		端肋与边框的垂直度	主要项目	2	直角尺一侧与板侧边贴紧检查另一边与板端的间隙
4		端肋组装位移	一般项目	3	检查两端及中间部位
5		凸棱直线度	一般项目	2	检查沿板长度方向靠板侧凸棱面测量最大值,两个侧面各取一点
6		板面平面度	主要项目	3	检查沿板面长度方向和对角线部位测量最大值
7	焊缝	按现行国家标准《铝及铝合金的弧焊接头缺欠质量分级指南》GB/T 22087 中 D 级焊缝质量要求执行	一般项目	3	检查所有焊缝
8		阴角模板垂直度	主要项目	3	检查两端及中间部位
9		连接角模垂直度	主要项目	3	检查两端及中间部位

6.1.4 过程控制检查及标准

（1）支模架搭设过程标高控制

1）由于铝模为定型模板，进场后在模板背面直接标示 1m 标高作为固定标高点，待墙柱模板拼装完成后直接通过激光投线仪辅助调整模板标高，如图 6-2 所示。

2）在楼面中间部位架设水准仪，并复核建筑两端放线洞内标高，确定楼层标准 1m 标高值，如图 6-3 所示。

3）在外架钢管或稳固的支模架钢管上引注不少于 6 个标准标高点，且任意 2 个标高点距离不得大于 20m，如图 6-3 所示。

4）支模架搭设完成后采用莱赛 LS639D 激光投线仪将标准 1m 标高引注到支模架立杆上（采取一点对正，两点复核校准激光线），如图 6-4 所示。

图 6-2　支模架搭设过程标高控制图

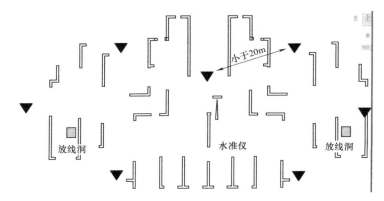

图 6-3　支模架搭设过程标高控制图 1

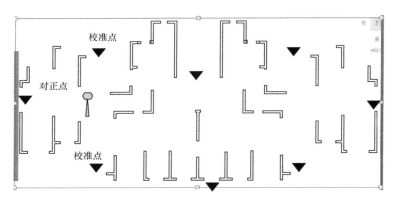

图 6-4　支模架搭设过程标高控制图 2

（2）顶板极差控制

顶板极差采用激光仪与塔尺调整，每块板复核五个点，极差不大于 8mm，如图6-5所示。

图 6-5　顶板极差现场检测图

（3）垂直度控制

垂直度检测采用吊坨放线，取板顶及板底 20cm 的两点数据，合格标准为【0，4mm】，如图 6-6 所示。

图 6-6　垂直度现场检测图

（4）板厚控制

每块板的四个角点及中心点必测，当板面较大时需增加测点，测点间距不得大于 2m，板厚偏差不得大于 3mm，板面标高允许±5mm 偏差，如图6-7、图 6-8 所示。

图 6-7　采用拉线法初步整平楼板混凝土　　图 6-8　采用特制扦插工具测量楼板混凝土厚度

6.2 "实测实量三表"制度

在混凝土浇筑前，铝合金模板检查应严格执行"实测实量三表制度"，包括"铝模班组自检表"、"项目部检查表"、"监理复查表"，并将铝模板垂、平实测数据在表上做好记录。如图 6-9 所示。

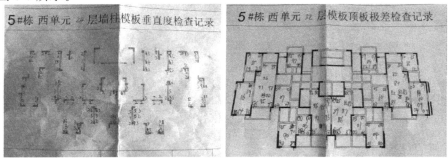

图 6-9　铝模板实测记录

6.3 主体结构实测实量检查

混凝土拆模以后，采用激光水平仪对楼板平整度、墙柱模板平整度及垂直度进行复核，实测数据应上墙公示，并制作实测二维码，如图 6-10 所示，并做好纸质档记录存档如图 6-11 所示，不符合质量要求部位进行整改。

图 6-10　实测数据公示信息及对应二维码

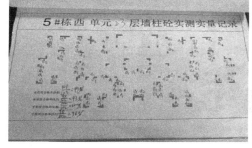
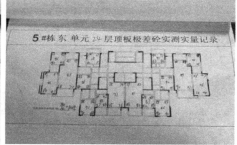

图 6-11　实测数据记录组图

维修、保管与场内运输

【学习目标】

掌握铝合金模板维修、保管及场内运输的要求。

7.1　维修与保管

（1）模板构配件拆除后，应及时清除粘结砂浆等杂物，对于变形、损坏的模板及配件，应及时进行整形和修复，修复后的模板和配件应符合表 7-1 的规定。重复使用的铝合金模板在安全使用及不降低施工质量标准的前提下，可以周转使用。

铝合金模板修复后质量标准

表 7-1

项目		要求尺寸(mm)	允许偏差(mm)
外形尺寸	长度	L	0 −1.50
	宽度 W	<200	0 −0.80
		>200～400	0 −1.20
		>400～600	0 −1.50
	对角线差	—	0.50‰
	面板厚度	—	−0.35
	肋高	65	±0.40
销孔	长度方向第一孔 与端面间距	—	+0.20 −0.70
	孔中心与板面间距	40	±0.50
	相邻孔中心距	—	±0.50
	孔直径	$\phi16.5$	+0.50 0

项目	要求尺寸(mm)	允许偏差(mm)
端封板与边肋的垂直度	90°	−0.40°
板面平面度	任意方向	≤1/1000
凸棱直线度	—	0.5
拉片槽宽度	40	+1 0
拉片槽深度	2	±0.10
拉片槽中心距	—	±0.30
端封板组装位移		−0.60
焊缝	焊缝尺寸按设计要求,焊缝质量应符合现行国家标准《铝及铝合金的弧焊接头 缺欠质量分级指南》GB/T 22087 中 D 级焊缝质量要求	
角铝垂直度	90°	1.00°
阴角模板垂直度	90°	±0.50°

在旧模板周转使用过程中,由于受各种因素的影响,拆模后混凝土质量将达不到工程要求,此时须将模板返回工厂修复。

铝合金模板在周转使用过程中,旧模板修复后的截面尺寸允许偏差宽于铝合金模板制作标准,但控制施工质量的板面平整度、对角线差以及焊缝质量等与铝合金模板制作标准一致,在不降低施工质量及安全使用前提下可以周转使用。

(2)对暂不使用的模板和配件,应按规格种类及时入库分类存放。

(3)模板宜放在室内或敞棚内,模板的底面应垫离地面100mm以上。露天堆放时,地面应平整坚实,有排水设施,模板底面应垫离地面200mm以上,至少有两个支点,支点间距不大于800mm且模板伸出两端支点的距离不大于200mm;露天码放的总高度不大于2000mm,且有可靠的防倾覆措施。

模板的底面应垫离地面100mm以上,除了可以防止因地面潮湿污浊模板表面外,还给模板下次取用留出叉车空间或行车穿钢丝绳空间。

7.2 场内运输

(1)模板运输时,应有防止模板滑动的措施。

(2)模板由拆模现场运至仓库或维修场地时,装车不宜超出栏杆,少量高出部分必须拴牢,零配件应分类装箱,不得散装运输。

(3)装车时,应轻搬轻放,不得相互碰撞,卸车时,严禁成捆从车上推下和拆散抛掷。

(4)模板打包码放时,为防止模板积水而增加模板积水增加模板的吊装重量,模板的光面应朝上,模板带肋的一面应朝下。

第8章

工程实例

8.1　三湘和高新科技有限公司工程案例

案例一：长沙世贸广场项目

　　长沙世贸广场项目位于芙蓉路与五一大道交汇处的西南角，施工周期2015年3月至2017年10月；地上75层，建筑高度344m（建筑层高4.2m、4.5m、5m），该项目模板工程采用铝合金模板由三湘和高新科技有限公司进行施工，见图8-1～图8-3。

图 8-1　长沙世贸广场项目实景图　　　　　　图 8-2　长沙世贸广场项目铝模拼装图

图 8-3 长沙世贸广场项目铝模拆模后效果图

案例二：省建院·江雅园项目 1 号、2 号楼

省建院·江雅园项目位于岳麓区洋湖院片区岳塘路与兆新路交汇处东南角，施工周期 2015 年至 2016 年，1 号楼、2 号楼标准层层高 3m，该项目模板工程采用三湘和高新科技有限公司铝合金模板进行施工，见图 8-4～图 8-6。

图 8-4 省建院·江雅园项目实景图

图 8-5 省建院·江雅园项目施工现场图

图 8-6　省建院·江雅园项目铝模拆模后效果组图

案例三：中建·嘉和城项目

中建·嘉和城项目位于雨花时代阳光大道与万家丽路交汇处往东 200m，施工周期 2015 年至 2017 年，层高 2.9m，分三期开发，共 20 栋楼模板工程均采用三湘和高新科技有限公司铝合金模板进行施工，见图 8-7～图 8-10。

图 8-7　中建·嘉和城项目施工图

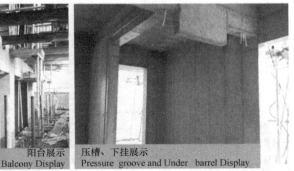

图 8-8　中建·嘉和城项目铝模拆模后效果组图 1

图 8-9　中建·嘉和城项目铝模拆模后楼梯效果图

图 8-10　中建·嘉和城项目铝模拆模后效果组图 2

案例四：湘坤第一城 B 区山水梅溪·雅郡项目 1 号～10 号楼

湘坤第一城 B 区山水梅溪·雅郡项目位于长沙市雷锋镇雷高路与长月路交叉口东南角，施工周期 2017 年至 2019 年，层高 3m；1 号至 10 号楼共计 10 栋楼模板工程均采用三湘和高新科技有限公司铝合金模板进行施工，见图 8-11～图 8-13。

图 8-11　湘坤第一城 B 区山水梅溪·雅郡项目实景图

图 8-12 湘坤第一城 B 区山水梅溪·雅郡项目铝模现场施工组图 1

图 8-13 湘坤第一城 B 区山水梅溪·雅郡项目铝模现场施工组图 2

8.2 湖南涵展建筑科技有限公司工程案例

案例一：保利西海岸项目

保利西海岸项目位于湖南省长沙市岳麓区蒲湘北路。该项目有多栋超高层建筑，其中 C3、C4 栋，地下 2 层，地上 42 层，（标准层层高 3.15m）复式楼。C5、C6 栋地下 2 层，地上 52 层（标准层层高 3.15m）。施工周期：2016 年至 2019 年。由湖南涵展建筑科技有限公司提供铝模板和组织施工，见图 8-14～图 8-16。

案例二：株洲青龙湾项目

株洲青龙湾项目位于湖南省株洲市渌口区。该项目其中三栋高层采用了铝模板施工，模板施工面积 15 万 m²，由湖南涵展建筑科技有限公司提供模板和技术指导，见图 8-17～图 8-19。

图 8-14　保利西海岸项目施工实景图

图 8-15　保利西海岸项目铝模拼装图

图 8-16　保利西海岸项目铝模拆模后效果图

图 8-17　株洲青龙湾项目施工实景图

图 8-18　株洲青龙湾项目铝模拼装图

图 8-19　株洲青龙湾项目铝模拆模后效果组图

8.3　湖南银林通用建筑模板有限公司工程案例

案例一：郴州湘域中央花园项目

　　郴州湘域中央花园项目位于湖南省郴州市拥军路。该项目有 12 栋高层建筑，分二期开发、施工，周期 2014 年至 2016 年，标准层层高 3m，层数 30 层。均由湖南银林通用建筑模板有限公司提供模板和组织施工，见图 8-20～图 8-23。

图 8-20　郴州湘域中央花园项目实景图　　　　图 8-21　郴州湘域中央花园项目铝模施工图

图 8-22　郴州湘域中央花园项目铝模安装　　　图 8-23　郴州湘域中央花园项目拆模后效果

案例二：紫宸澜山二期项目

　　紫宸澜山二期项目位于湖南省郴州市南岭大道。该项目 6 栋高层，标准层层数 28 层（层高 3m），施工周期 2017 年至 2018 年，均由湖南银林通用建筑模板有限公司提供模板和组织施工，见图 8-24、图 8-25。

图 8-24　紫宸澜山二期项目施工实景组图　　　图 8-25　紫宸澜山二期项目铝模拆模后效果组图

8.4　湖南飞山奇建筑科技有限公司工程案例

案例一：郴州憩园新村翡翠湾花园项目 11 号、12 号、14 号、15 号、16 号楼

　　郴州憩园新村翡翠湾花园位于郴州市惠泽路（市财政局旁），是 CBD、CLD、CRD 中央商务区、中央生活区、中央娱乐区，三个城市中心领域交汇之地，项目总占地约 100

亩，项目总建面积超 28 万 m²；施工周期 2016 年至 2018 年，11 号、12 号、14 号、15 号、16 号楼。

标准层层高 3m，该项目模板工程采用湖南飞山奇建筑科技有限公司铝合金模板进行施工，见图 8-26～图 8-28。

图 8-26　郴州憩园新村翡翠湾花园项目实景组图

图 8-27　郴州憩园新村翡翠湾花园项目现场施工图

图 8-28　郴州憩园新村翡翠湾花园项目铝模拆模效果图

案例二：三润城项目

三润城位于月亮岛路与谷山路交汇处，地处长沙滨江新区核心位置。项目占地约 7 万 m²，总开发建筑面积约 30 万 m²，是由湖南三润地产有限公司开发的润和精筑 TOP 系产品，项目规划 13 栋高层住宅、商业中心、公立幼儿园于一体的品质楼盘。

标准层层高 3m，该项目模板工程采用湖南飞山奇建筑科技有限公司铝合金模板进行施工，见图 8-29～图 8-35。

图 8-29　三润城项目实景图　　　　　图 8-30　三润城项目施工图

图 8-31　三润城项目铝模施工拼装组图

图 8-32　三润城项目阳台铝模施工图

图 8-33　三润城项目阳台施工效果图

图 8-34　三润城项目铝模拆装后楼板效果

图 8-35　三润城项目施工铝模拆装后墙面效果

8.5　湖南二建坤都建筑模板有限公司工程案例

案例一：金盘世界城项目

　　湖南金盘子置业有限公司投资开发的金盘世界城项目，由湖南省第二工程有限公司总承包施工，总建筑面积 483682.96m²。

　　本项目由 16 个住宅单元、1 栋高层酒店组成。其中 10 栋高层住宅及高层酒店核心筒均采用装配式组合模板施工，该模板工程于 2017 年 6 月 3 日开始进场施工，于 2019 年 1 月 22 日全部顺利完工，由湖南二建坤都建筑模板有限公司施工，模板应用面积 392600.78m²，见图 8-36～图 8-38。

图 8-36　金盘世界城三维图 1　　　　　　　图 8-37　金盘世界城三维图 2

图 8-38　金盘世界城项目铝模施工组图

　　19 号栋高层酒店及 2 号栋高层住宅为椭圆状外形，酷似整个项目的两个"眼睛"。因外形较为特殊，给组合模板加工、设计及施工均带来了一定的难度，为满足工程高质量标准要求，弧形部分采用钢铝结合模板施工，混凝土成型效果好，见图 8-39、图 8-40。

<table>
<tr><td>图 8-39 拆模后异形梁效果</td><td>图 8-40 拆模后弧形梁效果</td></tr>
</table>

案例二：枫华府第汇智广场 A 座

枫华府第汇智广场 A 座（中湘海外办公大楼项目）位于湖南省长沙市岳麓区象嘴路368 号。该项目为钢筋混凝土框架核心筒结构，总高度 99.5m，地上 27 层，地下 3 层，标准层层高 3.6m。该工程标准层 5F～27F 采用铝框早拆装配式组合模板，该模板于 2016年 9 月 25 日进场施工，于 2017 年 3 月 6 日顺利完工，由湖南二建坤都建筑模板有限公司施工，模板应用面积 39644.56m²，见图 8-41、图 8-42。

图 8-41 枫华府第汇智广场 A 座三维图　　图 8-42 枫华府第汇智广场 A 座铝模现场施工图